基金课题
国家自然科学基金（31560214、30872046）
云南财政专项资金（RF2014-18、RF2015-4-4）

特殊油料树种琴叶风吹楠遗传多样性及分类学位置

Taxonomical Position and Population Genetic Diversity of Peculiar Oil Tree *Horsfieldia pandurifolia* Hu

吴　裕　段安安　等著

中国农业科学技术出版社

图书在版编目（CIP）数据

特殊油料树种琴叶风吹楠遗传多样性及分类学位置 / 吴裕等著．—北京：中国农业科学技术出版社，2019.12
ISBN 978-7-5116-4469-5

Ⅰ．①特… Ⅱ．①吴… Ⅲ．①肉豆蔻科—遗传多样性—研究②肉豆蔻科—植物分类学—研究 Ⅳ．① Q949.747.403 ② Q949.747.409

中国版本图书馆 CIP 数据核字 (2019) 第 234153 号

责任编辑　张国锋
责任校对　马广洋

出 版 者　中国农业科学技术出版社
　　　　　北京市中关村南大街 12 号　邮编：100081
电　　话　（010）82106636（编辑室）（010）82109704（发行部）
　　　　　（010）82109702（读者服务部）
传　　真　（010）82106631
网　　址　http://www.castp.cn
经 销 者　各地新华书店
印 刷 者　北京东方宝隆印刷有限公司
开　　本　710 毫米 ×1 000 毫米　1/16
印　　张　13.5
字　　数　260 千字
版　　次　2019 年 12 月第 1 版　2019 年 12 月第 1 次印刷
定　　价　88.00 元

主要著者名单

吴　裕　　段安安　　毛常丽　　张凤良
李小琴　　许玉兰　　倪书邦

著者研究任务分工

1. 总体策划…………………………………………… 吴　裕　段安安
2. 资源调查
………吴　裕　张凤良　胡永华　郭贤明　赵金超　张长寿　曾建生　田耀华
3. 形态变异分析……………………………张凤良　吴　裕　倪书邦　李小琴
4. 油脂成分变异分析…………………………许玉兰　吴　裕　段安安　蔡年辉
5. 光合生理测定……………………………张凤良　李小琴　杨　湉　赵　祺
6. 分子遗传分析…………………………………………………毛常丽　柳　觐
7. 繁殖试验…………………………………………张凤良　杨晓玲　毛常丽
8. 分类学研究………………………………………　吴　裕　毛常丽　张凤良

内容简介

肉豆蔻科（Myristicaceae）是典型热带分布科，其中琴叶风吹楠（*Horsfieldia pandurifolia* Hu）是我国不可多得的特种油料资源植物，在云南西南部沟谷雨林有野生分布，种群数量少。本书是作者10年研究的阶段性总结，主要从资源分布、群落待征、叶形变异、种形变异、油脂成分变异、种子萌发习性、光合生理、遗传多样性等几个方面加以研究。在认识种内变异式样的基础上，根据中国野生分布的风吹楠属（*Horsfieldia*）、肉豆蔻属（*Myristica*）、红光树属（*Knema*）的特征，结合形态分类学、化学分类学和分子系统学的研究数据进行分类学位置处理。

本书可供生物学、生态学、林学、农学、植物分类学、植物资源学等专业的师生和科研工作者及相关专业人员参考。

前言

PREFACE

种内遗传多样性研究的对象是种内遗传变异，其前提是已经确定了种的界线；另外，由于种内变异连续性的认识不足容易将种内变异的极端类型分成不同的种。所以“种内遗传变异和种间界线”貌似“蛋生鸡，鸡生蛋”的关系。

肉豆蔻科（Myristicaceae）是典型的热带分布科，其分布区北缘位于我国海南、广西壮族自治区（全书简称广西）、云南、西藏自治区（全书简称西藏）热带雨林至山地雨林。我国植物学家胡先骕先生于1963年命名发表“琴叶贺得木（*Horsfieldia pandurifolia*）”，在1979年出版的《中国植物志》中更名为“琴叶风吹楠（*H. pandurifolia*）”，此后的国内著作都沿用此名，并记为云南特有种。de Wilde于1984年以琴叶风吹楠为模式种发表了 *Endocomia* 属，可是国内学者又不认同。总之，琴叶风吹楠的分类学位置争论不休。

琴叶风吹楠是云南野生树种，主要分布在云南雨林地段，是我国不可多得的特种油料资源植物，其种子油是制防冷凝剂的重要原料。20世纪70—80年代，前辈们对其种子油脂进行了分析，发现种子含油率高，且脂肪酸成分主要是14碳酸，是重要的工业原料，以种子油为原料合成的聚甲基丙烯酸十四醇酯添加0.5%对 −20℃的10#机械油降凝为 −42℃，聚甲基丙烯酸 C_{12-14} 酯添加0.5%对 −25℃的25#变压器油降凝为 −50℃。近年来，以肉豆蔻酸为原料合成的肉豆蔻酸酯（MOD）成了新型化妆品的基质原料，无刺激，无异味，化学性质稳定。以肉豆蔻酸和异丙醇为原料合成的肉豆蔻酸异丙酯（IPM），是一种长链的羧酸酯类化合物，具有低黏度、对皮肤无刺激、互溶性好等优点，因而广泛用于美容化妆、医疗卫生、香料、纺织等方面。

琴叶风吹楠由于自身的特点，只分布在低海拔湿热的沟谷和洼地，在云南的资源量本来就少，又由于种种原因，导致资源量正在不断减少，已作为濒危植物被列入2004年出版的《中国物种红色名录》。因此，研究琴叶风吹楠的种内遗传多样性及其分类学位置可为资源保护利用和学术交流提供理论基础。

在国家自然科学基金“特殊油料树种琴叶风吹楠分类学位置及遗传多样性研究（31560214）”和“高含油野生琴叶风吹楠地理变异及种质资源收集保存研究（30872046）”，以及云南省财政专项“云南省热带作物科技创新体系建设（RF2014-18，RF2015-4-4）”等项目的支持下，本课题组在云南省内开展了野生资源调查，果实和种子形态变异分析，种子油脂成分变异分析，群体遗传结构研究，繁殖试验，光合生理测定等工作，掌握了丰富的第一手资料。书中内容均为本课题组的研究成果，引用他人文献已标注，本课题组已发表的内容一般不标注；书中照片全部由本课题组拍摄，其中人物照片经照片中的当事人确认同意后使用。

本书是琴叶风吹楠研究的一个阶段性总结。本课题组在调查研究过程中发现：部分大树正在被砍伐为木材；分布区片段化，而且正在被农田蚕食；有些沟谷生态退化严重，种子不能自然萌发，失去种群发展的环境基础；文献有记录的部分分布区，本次调查未发现植株。导致物种濒危有其自身因素、环境因素和人为因素。即使物种的种群数量较少，只要能够保持世代繁衍、种群数量不减少，也不认为是濒危。鉴于琴叶风吹楠的现状，人为破坏是导致濒危的重要原因之一，所以通过本书的出版，希望能唤起当地居民的保护意识，同时也为保护和利用琴叶风吹楠提供一些理论基础。另外，为了扩大读者范围，本书在保证自然科学研究著作专业性和学术性的同时，尽可能做到通俗易懂，提高可读性。

在研究过程中，除了课题组成员的团结努力以外，还得到很多单位和个人的帮助（部分人员已列入“著者研究任务分工”名单）。其中，云南西双版纳国家级自然保护区管护局、云南南滚河国家级自然保护区管护局、云南西双版纳纳板河流域国家级自然保护区管护局、铜壁关自然保护区管理局给予资源调查工作的支持。西南林业大学杜凡教授、云南西双版纳国家级自然保护区管护局科研所郭贤明正高级工程师、西双版纳纳板河流域国家级自然保护区管护局普文才高级工程师和刘峰正高级工程师、云南南滚河国家级自然保护区管护局赵金超高级工程师和李春华工程师、中国林业科学研究院热带林业实验中心曾冀高级工程师和陈建全工程师、双江县邦丙乡原人大主席俸云同志、澜沧县人大秘书李春梅同志等协助野生资源调查；中国科学院昆明植物研究所余珍高级工程师，西南林业大学蔡年辉副教授和雷然实验师对油脂成分分析给予支持；硕士研究生张君鸿和张辉，本科生易小泉和张夸云等同学参与部分研究工作；特别是云南省热带作物科学研究所的领导和各位同事自始至终给予很多帮助；还有实际给予了帮助但未述及的人们。在此对所有支持和帮助过本项目研究的单位和个人表示最诚挚的感谢！

如前所述，本书错漏难免，敬请读者批评指正！

云南省热带作物科学研究所　**吴　裕**

西南林业大学　**段安安**

2019年7月23日

目 录

CONTENTS

第 8 章 琴叶风吹楠繁殖试验 / 69

第 9 章 琴叶风吹楠苗木生长量性状群体变异 / 81

第 10 章　琴叶风吹楠叶片性状群体变异 / 95

第 11 章　琴叶风吹楠叶绿素含量测定 / 109

第 12 章　风吹楠研究概述 / 121

第1章 自然地理概况

1.1 地理位置

云南地处中国西南部，北邻西藏、四川，东邻贵州、广西，南与越南、老挝接壤，西与缅甸毗邻，大致位于东经 97° 31′ ~106° 21′，北纬 21° 08′ ~ 29° 15′之间。云南背靠青藏高原，西南与印度洋孟加拉湾相距 600 km，东南与太平洋北部湾相距 400 km，地理位置特殊，从而形成特殊的地理气候类型。云南南部，特别是哀牢山以西地区，夏季受大洋影响，雨量充沛；冬季，青藏高原、云贵高原和哀牢山阻挡寒流南侵，同时受西部地区沙漠的干暖气流影响，温暖而干燥。

1.2 地形地貌

总体上看，云南的地形是北高南低，大致从西北向东南逐渐下降。滇西北怒江、香格里拉、丽江等地区属于喜马拉雅山脉向东南延伸的部分，海拔一般 3 000~ 4 000 m，许多山峰海拔 5 000 m 以上；滇中高原海拔 2 300~2 600 m，山间盆地海拔 1 700~2 000 m，山峰海拔 3 000~3 500 m；滇西、滇西南、滇南地区最低，主要包括海拔 1 200~1 400 m 的中山、低山和丘陵，以及海拔 1 000 m 以下的盆地和河谷。

云南按江河可分为五大流域：怒江流域、澜沧江流域、红河流域、珠江流域、长江流域，在这五大流域之外还有大盈江、瑞丽江、南定河、南滚河、南卡江、李仙江等多个小流域。

怒江起源于青藏高原，自滇西北入境，从滇西流入缅甸后称为萨尔温江，注入印度洋；怒江西侧是高黎贡山，即滇西北与缅甸的交界。高黎贡山以西的瑞丽江和大盈江自东向西流入缅甸，然后转向南，下游称伊洛瓦底江，注入印度洋。大盈江出境处海拔约 200 m。

澜沧江起源于青藏高原，从滇西北流入云南，总体自北向南流，从西双版纳州勐腊县出境，流入老挝后称湄公河，注入太平洋。澜沧江下游的主要支流有位于澜沧县与双江县之间的小黑江、景谷县的威远江、勐腊与景洪交界的罗梭江、勐腊县境内的南腊河。南腊河与澜沧江交汇处海拔 475 m，属于西双版纳最低点。

耿马县的南定河、沧源县的南滚河自东向西流入缅甸后汇入萨尔温江。南定河出境处海拔约 450 m；南滚河出境处海拔约 500 m。

起源于大理的把边江，流经景东、镇沅等地，与阿墨江汇合后称李仙江，向东南流入越南后称黑水河，最后注入红河。李仙江出境处海拔 300 多米。元江起源于大理，沿哀牢山东侧自西北向东南流（下游称红河），于红河州河口县流入越南，最后注入太平洋。红河出境处与南溪河交汇，海拔 76 m，是云南海拔最低点。

1.3 气候特征与植被类型

云南气候类型多样，水平差异复杂，垂直变化显著（陈宗瑜，2001）。滇西、滇西南、滇南海拔较低，离海洋较近，热量充足，雨量充沛，适合于热带雨林的发育。但是，云南的热带雨林由于纬度偏北，海拔偏高，水分和热量呈季节变化，典型的热带科、属、种数量远不及东南亚的热带雨林，可以认为云南的热带雨林在水平地理分布上已是北部的极限。

哀牢山是云南东西气候分界线，相比而言，西部地区比东部地区暖和。冬半年，西部地区受北方寒流影响小，同时西部地区受沙漠干暖气流的影响，温暖而干燥，天气晴朗，夜间地表热量向外辐射散失，形成所谓的“辐射型寒害”（江爱良，2003），在河谷地带常形成“逆温现象”，即海拔最低的河谷和洼地冷空气聚集而出现霜害，相反，暖空气上升，半山坡却比较暖和。因而，部分地区的热带雨林分布到较高海拔地段，表现出植被分布的倒置现象。哀牢山以东地区，寒流容易到达，海拔越高，寒害越重，被称为“平流型寒害”（江爱良，2003），所以热带雨林分布在低海拔河谷地带。

滇西瑞丽江和大盈江一带的热带雨林向北延伸到北纬 25° 左右，海拔 700 m 以下河谷地段，此区年降水量 1 400~2 000 mm（中国植被编辑委员会，1980；云南植被编写组，1987；杨宇明，2006）。西双版纳是云南热带雨林分布面积最大且最集中的地区，一般分布在海拔 800 m 以下，其中勐腊县分布面积较大，海拔可上升到 1 150 m；热带雨林沿澜沧江河谷向北延伸到北回归线附近，此区年降水量 1 100~1 700 mm；由于受澜沧江河谷“逆温现象”和空气湿度随海拔升高而增加的双重影响，热带山地雨林分布到海拔 1 800 m 地段，表现为植被分布的倒置现象。位于哀牢山脉以东的河口县一带，海拔 400 m 以下为北热带湿润气候，年降水量 1 600~1 800 mm，湿润雨林和季节雨林在局部地区可上升到海拔 800 m 地段（图 1-1）。

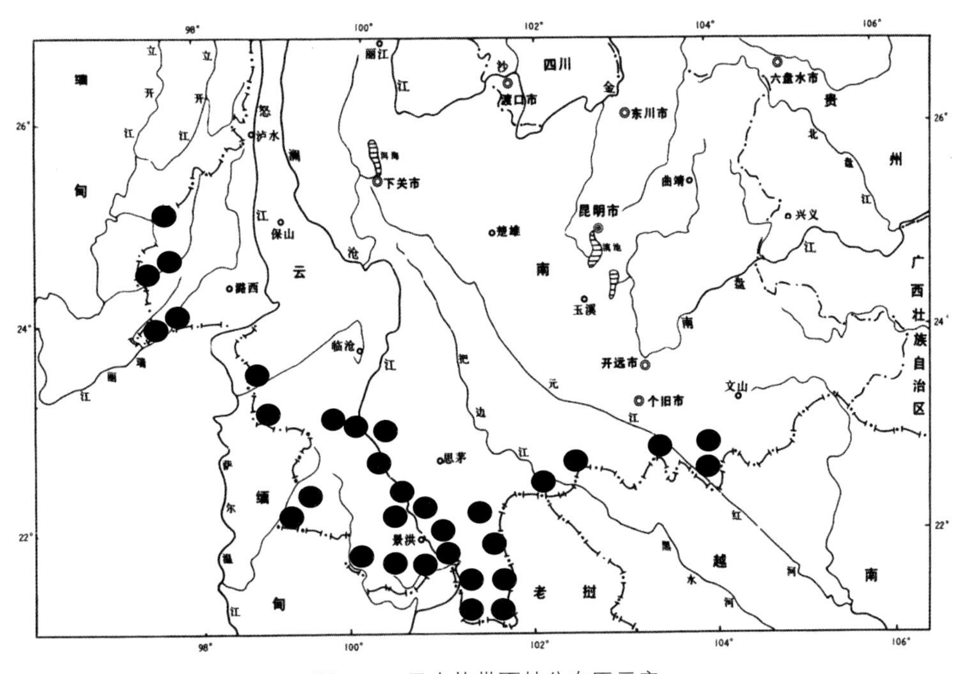

图 1-1　云南热带雨林分布区示意

琴叶风吹楠群落景观，2010

参考文献

陈宗瑜 . 2001. 云南气候总论［M］. 北京：气象出版社 .

江爱良 . 2003. 青藏高原对我国热带气候及橡胶树种植的影响［J］. 热带地理，23（3）：199-203.

杨宇明，杜凡 . 2006. 云南铜壁关自然保护区科学考察研究［M］. 昆明：云南科技出版社 .

云南植被编写组 . 1987. 云南植被［M］. 北京：科学出版社 .

中国植被编辑委员会 . 1980. 中国植被［M］. 北京：科学出版社 .

第2章 琴叶风吹楠地理分布调查

2.1 引言

地理分布是指物种在地表分布的区域，是物种进化和自然选择共同作用的结果，是物种分类的重要参考依据之一。一种植物除了形态学或其他特征与近缘植物有“间断”性区别以外，还必须具备一定的种群数量和地理分布范围，然而在分布范围内，一种植物的个体并非布满整个分布区，而是只生长在适宜的生境。所以分布区内适宜生境出现的频率决定了植物的种群数量和分布格局，当然适宜的环境不一定就必须有野生分布。可以通过一种植物分布区的调查，根据气候类型和群落类型等分析，认识该种的分布规律，推测该种的历史分布区或预测潜在分布区。物种起源、演化、现在的分布格局等信息，可以作为地球历史变迁的依据之一。

肉豆蔻科（Myristicaceae）是典型的纯热带分布科，认识该科植物在云南的分布现状对研究云南地质变化和气候变迁都有一定辅助作用。有文献记载，滇南风吹楠（*Horsfieldia tetratepala*）在云南的分布面积是 3 431hm^2（李玉媛，2005），但是种群数量没有记录，课题组调查发现，种群数量极少。风吹楠属（*Horsfieldia*）在中国的野生分布种，以前认为是 5 种，包括风吹楠（*H. amygdalin*a）、琴叶风吹楠（*H. pandurifolia*）、大叶风吹楠（*H. kingii*）、滇南风吹楠、海南风吹楠（*H. hainanensis*），现在将后 3 种合并（Wu，2008；吴裕，2015），称大叶风吹楠，所以按 3 种记录，此 3 种在云南的分布区基本重复，但适宜生境略有差异。

根据《云南植物志》和《中国植物志》的记录，琴叶风吹楠分布于勐腊、景洪、勐海、澜沧、双江、孟连、耿马、镇康、瑞丽、盈江、江城、河口的低海拔河谷，并定为云南特有种（云南省植物研究所，1977；中国植物志编辑委员会，1979）。总体上看，琴叶风吹楠的分布区从滇西沿国界到滇西南，再向东到滇南，属于热带雨林的分布北沿。琴叶风吹楠被认定为云南特有种，这样的分布格局显得非常特殊。本章以实地调查数据为基础，结合文献记录，介绍资源分布现状，探讨琴叶风吹楠地理分布问题。

2.2 调查方法

首先查阅《中国植物志》《云南植物志》《中国植物红皮书》《中国高等植物》（傅立国，1991，2000）等文献，首先认识琴叶风吹楠分布的行政区划，再查阅《云南植被》（云南植被编写组，1987）和《中国植被》（中国植被编辑委员会，1980）以了解云南热带雨林的分布情况，再查阅云南各地的科学考察报告，特别是自然保护区的科学考察报告，掌握琴叶风吹楠在云南的分布范围及森林群落类型。琴叶风吹楠的花极小，不容易引起人们注意，但是果实较大，一般3—5月份成熟，果皮自然开裂，红色假种皮包被种子一同脱落于地面，容易识别，因而在果实成熟季节携带实物标本（果序、枝条）和照片（植株、果实、叶片）走访分布区范围内的各县林业局、自然保护区管理局和当地有经验的农民，了解当地气候和植被现状，大概确定可能的分布位置，然后在他们的协助下进行实地调查。采用手持GPS定位，记录经纬度、海拔、坡向、坡位、坡度等环境条件，调查植株胸径、树形、是否结实、伴生树种等。

2.3 琴叶风吹楠在云南的分布现状

云南的地形总体上北高南低，河流自北向南流出国境，印度洋和太平洋北部湾的暖湿汽流沿河谷自南向北影响云南，导致热带雨林分布区沿河谷自南向北、由低到高呈“树枝状”延伸，这种地形和气候特点决定了琴叶风吹楠的分布特点。滇西盈江县的大盈江自东北向西南流入缅甸，出境处海拔200多米，水流量大，原生植被茂密（图2-1），但破坏较大。根据《云南铜壁关自然保护区科学考察研究》的记录，海拔600m左右有琴叶风吹楠分布（杨宇明，2006），但是课题组于2009—2010年两次在位于东经97°32′~97°36′、北纬24°26′~24°27′

之间的大盈江北岸海拔 650 m 以下进行了调查（南岸属于缅甸，未调查），未见植株。

根据文献记录，瑞丽、镇康、沧源、孟连都有分布，据课题组调查，只在沧源县的南滚河流域森林保护较好（图 2-2），其他地区破坏严重。据科学考察报告《中国南滚河国家级自然保护区》的记录，南滚河下游沟谷有琴叶风吹楠分布（杨宇明，2004），但课题组于 2009—2016 年在保护区管理局的科技人员协助下多次调查，并未发现植株。

图 2–1　大盈江河谷景观（盈江县，2009）

图 2–2　南滚河河谷秋晨（沧源县，2016）

西双版纳是琴叶风吹楠分布最集中、资源量最大的地区。西双版纳地处云南的最南端，约位于东经 99°55′~101°50′、北纬 21°08′~22°40′，澜沧江自北向南贯穿全境，其主要支流南腊河流域（勐腊境内）和罗梭江（上游称补远江）流域（勐腊和景洪境内）是琴叶风吹楠野生资源较丰富的地域（图 2-3、图 2-4）。

图 2–3　琴叶风吹楠群落
（勐腊县，南腊河流域，2014）

图 2-4　罗梭江河谷景观（勐腊县，2017）

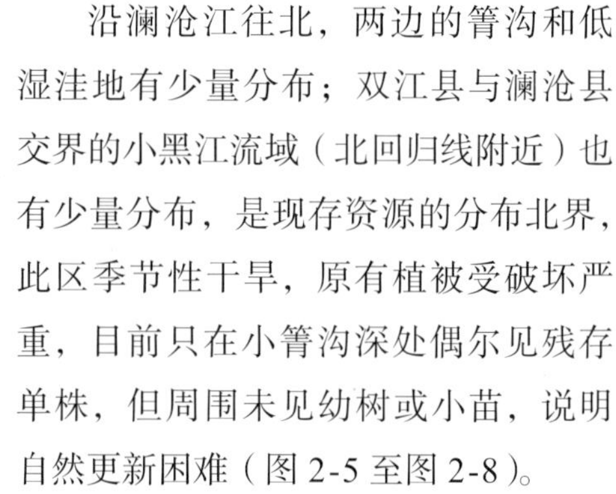

沿澜沧江往北，两边的箐沟和低湿洼地有少量分布；双江县与澜沧县交界的小黑江流域（北回归线附近）也有少量分布，是现存资源的分布北界，此区季节性干旱，原有植被受破坏严重，目前只在小箐沟深处偶尔见残存单株，但周围未见幼树或小苗，说明自然更新困难（图 2-5 至图 2-8）。

从垂直分布看，琴叶风吹楠主要

图 2-5　澜沧江河谷雨季初
（景谷－双江段，北回归线附近，2016）

图 2-6　小黑江河谷旱季
（北回归线附近，植株位置红箭头示，2010）

图 2-7　琴叶风吹楠残存单株
（双江县，海拔 1 040 m，2010）

图 2-8　琴叶风吹楠残存单株
（双江县，海拔 850 m，2010）

分布于海拔 900 m 以下季节雨林内，很少超过海拔 1 000 m，但在局部地区由于受河谷逆温现象和空气湿度随海拔升高而增加的双重影响导致分布区抬升。调查表明，在勐腊县勐仑镇海拔 1 010 m 的季节雨林中有集中分布，小黑江流域北侧（属双江县）海拔 1 040 m 处有 1 株大树（图 2-7）。琴叶风吹楠原始的“大居群”已被破坏，只在分布区海拔上限地段残存着相互隔离的“小居群”，每个“小居群”内海拔差异仅几米至几十米，林分面积极小，琴叶风吹楠在云南的种群数量已经相当少。

在云南分布区，琴叶风吹楠呈单株散生或小面积集中分布的特点，一般在有水的沟谷或低湿洼地集中分布。有的“小居群”只有 1 株大树，有的“小居群”只有零散几株大树残存于田边地角，而且株间相距较远，周围并未发现小树，自然更新已相当困难。在勐腊县的勐伴、补蚌、回燕龙等部分“小居群”处于极湿润的洼地或沟谷，其间有流水，虽然种群数量极小，但胸径从 5cm、10cm、20cm、30cm 到 40cm 的植株都有存在，而且还有 1~2 年生幼苗，这是目前已知保存比较好的林分，如果能在保护原生环境的同时，辅助以人工抚育，有望扩大种群数量。另一方面，大部分“小居群”的下游已被开垦为农田，再也没有扩大种群的地域空间，而且有些“小居群”正在被农田蚕食（图 2-9），如果不及时

图 2-9　森林正受破坏（景洪市，2009）

保护，这些“小居群”会很快消失。例如，课题组于 2014 年 5 月对西双版纳地区的一片野生林分进行调查采样，当时有一小片琴叶风吹楠林位于农田上缘，保存比较完整，但是 2015 年 1 月调查时，这块林地已经变成农田，只在地中间乱石堆里长出几株小苗，经检查，这些小苗都是 2014 年 5 月前后成熟脱落种子的萌发苗（图 2-10、图 2-11），如果这些小苗再遭到破坏，这个残存的琴叶风吹楠群落也将彻底消失。

图 2–10　琴叶风吹楠群落（景洪市，未受破坏前，2014）

图 2–11　琴叶风吹楠群落破坏后萌发的种子苗（景洪市，2015）

2.4　琴叶风吹楠分布的群落类型

肉豆蔻科（Myristicaceae）是纯热带分布科，其中琴叶风吹楠在云南热带雨林中属于上层树种或第二层树种（表 2-1）。西双版纳是云南热带雨林分布面积最大、最集中的地区，琴叶风吹楠分布的群落发育相对完整，同时由于自然保护区的建立，森林保护相对完好（图 2-12 至图 2-15）。琴叶风吹楠是绒毛番龙眼 - 千果榄仁群系的主要组成树种之一，但一般不是最上层树种，主要位居第二层，也不是优势种，只在西双版纳纳板河流域国家级自然保护区的白颜树 - 琴叶风吹楠群落林里属于最上层优势种之一，在西双版纳国家级自然保护区勐仑片区的绒毛番龙眼 - 新乌檀 - 琴叶风吹楠群落林里属第二层优势种之一。琴叶风吹楠在水热条件相对较差的季节雨林或山地雨林呈单株散生状态，例如在望天树 - 常绿榆 - 绒毛番龙眼群落、盆架树 - 浆果乌桕 - 山韶子群落林里偶尔能见到单株散生。

图 2-12　西双版纳自然保护区森林景观（勐腊县，2017）

图 2-13　西双版纳自然保护区考察（勐腊县，2009）

图 2-14　琴叶风吹楠（树龄 140 年，景洪市，2017）

图 2-15　琴叶风吹楠（林下幼树，景洪市，2014）

表 2-1　琴叶风吹楠分布的群落类型

群落	最上层优势种	第二层优势种
绒毛番龙眼－千果榄仁－勐仑翅子树群落	绒毛番龙眼（*Pometia tomentosa*） 千果榄仁（*Terminalia myriocarpa*）	金钩花（*Pseuduvaria indochinensis*）、勐仑翅子树（*Pterospermum menglunense*）、缅桐（*Sumbaviopsis albicans*）、梭果玉蕊（*Barringtonia macrostachya*）、白颜树（*Gironniera subaequalis*）
千果榄仁－云南厚壳桂－锥花三宝木群落	千果榄仁（*Terminalia myriocarpa*）	云南厚壳桂（*Cryptocarya yunnanensis*）、长柄油丹（*Alseodaphne petiolaris*）、粗壮琼楠（*Beilschmiedia robusta*）、琴叶风吹楠（*Horsfieldia pandurifolia*）
绒毛番龙眼－长柄油丹－红椿群落	绒毛番龙眼（*Pometia tomentosa*） 红椿（*Tonna ciliate*） 老挝天料木（*Homalium laoticum*）	长柄油丹（*Alseodaphne petiolaris*）、云南厚壳桂（*Cryptocarya yunnanensis*）、琴叶风吹楠（*Horsfieldia pandurifolia*）
绒毛番龙眼－大蒜果树－云南山竹子群落	绒毛番龙眼（*Pometia tomentosa*） 大蒜果树（*Dysoxylum mollissimum*）	曲枝木楝（*Amoora stellato-squamosa*）、印度栲（*Castanopsis indica*）、网脉肉托果（*Semecarpus reticulata*）、厚叶琼楠（*Beilschmiedia percoriacea*）、云南山竹子（*Garcinia cowa*）
绒毛番龙眼－新乌檀－琴叶风吹楠群落	绒毛番龙眼（*Pometia tomentosa*） 新乌檀（*Neonauclea griffithii*） 毗黎勒（*Terminalia bellirica*） 龙果（*Pouteria grandifolia*）	微毛布荆（*Vitex quinata* var. *puberula*）、琴叶风吹楠（*Horsfieldia pandurifolia*）、思茅木姜子（*Litsea pierrei* var. *szemaois*）、樟叶朴（*Celtis cinnamomea*）
绒毛番龙眼－常绿苦树－银钩花群落	绒毛番龙眼（*Pometia tomentosa*） 常绿苦树（*Picrasma javanica*） 毗黎勒（*Terminalia bellirica*）	银钩花（*Mitrephora thorelii*）、滇南风吹楠（*Horsfieldia tatratepala*）、曲枝木楝（*Amoora stellato-squamosa*）
望天树－常绿榆－绒毛番龙眼群落	望天树（*Shorea chinensis*） 绒毛番龙眼（*Pometia tomentosa*） 龙果（*Pouteria grandifolia*）	常绿榆（*Ulmus lanceaefolia*）、多花白头树（*Garuga floribunda* var. *gamblai*）、印度栲（*Castanopsis indica*）、勐仑翅子树（*Pterospermum menglunense*）、云南山竹子（*Garcinia cowa*）
白颜树－琴叶风吹楠群落	白颜树（*Gironniera subaequalis*） 琴叶风吹楠（*Horsfieldia pandurifolia*） 八蕊单室茱萸（*Mastixia euonymoides*）	泰国黄叶树（*Xanthophyllum siamensis*）、圆果杜英（*Elaeocarpus sphaericus*）、滇糙叶（*Aphananthe cuspidata*）、歪叶榕（*Ficus cyrtophylla*）

（续表）

群落	最上层优势种	第二层优势种
盆架树 - 浆果乌桕 - 山韶子群落	盆架树（*Winchia calophylla*） 浆果乌桕（*Sapium baccatum*） 山韶子（*Nephelium chryseum*）	红光树（*Knema furfuracea*）、水团花（*Adina pilulifera*）、红梗润楠（*Machilus rufipes*）、泰国黄叶树（*Xanthophyllum siamensis*）、少花琼楠（*Beilschmiedia pauciflora*）

在琴叶风吹楠分布的群落里常见树种有绒毛番龙眼（*Pometia tomentosa*）、千果榄仁（*Terminalia myriocarpa*）、滇南溪杪（*Chisocheton siamensis*）、山木患（*Harpullia cupanioides*）、金钩花（*Pseuduvaria indochinensis*）、云南山竹子（*Garcinia cowa*）、木奶果（*Baccaurea ramiflora*）、曲枝木楝（*Amoora stellato-squamosa*）、假多瓣蒲桃（*Syzygium polypetaloideum*）、毗黎勒（*Terminalia bellirica*）、歪叶榕（*Ficus cyrtophylla*）等（云南植被编写组，1987；西双版纳国家级自然保护区管理局，2006）。在琴叶风吹楠分布的各个生境中，植物物种组成差异较大，例如，伴生树种在罗梭江（上游称补远江）流域，以棒柄花（*Cleidion brevipetioatum*）、缅桐（*Sumbaviopsis albicans*）占多数，在尚勇则以锥花三宝木（*Trigonostemon thyrsoides*）、大叶木兰（*Magnolia henryi*）、云南厚壳桂（*Cryptocarya yunnanensis*）、单序波缘大参（*Macropanax undulatus* var. *simplex*）、长柄油丹（*Alseodaphne petiolaris*）等为多。

在西双版纳分布区，有些沟谷雨林遭到严重破坏，沿沟边还零散分布着琴叶风吹楠的单株大树，但两侧的森林已被彻底砍光，开垦为农田。从残存单株的分布看，未破坏以前，琴叶风吹楠应该是该群落的优势种之一，但再也不能判断其群落类型了。本次调查在小黑江流域发现琴叶风吹楠大树的伴生植物有藤黄科（Guttiferae）、芭蕉科（Musaceae）等，看上去还保存了热带雨林的痕迹，但环境干燥，明显表现出生境退化趋势。

2.5　琴叶风吹楠地理分布问题的探讨

从琴叶风吹楠在云南地区的垂直分布和水平分布看，分布区跨度大，但分布面积并不大。如果只看云南地图，琴叶风吹楠的分布区组成相当“怪异”，但如果再看中南半岛，可能会豁然开朗：琴叶风吹楠的分布中心可能在中南半岛，云南分布区只是其北部边缘。再看其他属和种的分布，肉豆蔻科大多数属的分布区相当有限，其中肉豆蔻属（*Myristica*）、风吹楠属（*Horsfieldia*）和红光树属（*Knema*）分布于中国南部、中南半岛、太平洋诸岛至澳洲一带，中国热区仅是这几个属的分布北缘（王荷生，1992）。据推测，肉豆蔻科可能在各大洲轮廓基本形成后开始早期分化，可能起源于古南大陆北部偏东的今日印度—马来区（吴征镒，2003），云南只是肉豆蔻科向北扩散的边缘。

至今没有查到琴叶风吹楠在缅甸、老挝和越南的分布记录，根据国内文献和调查数据，再结合琴叶风吹楠群落类型综合分析，认为缅甸、老挝和越南应该有野生分布（图 2-16）。理由是：云南的河流向西南、南、东南流入这 3 个国家，它们处在河流的下游，海拔更低，纬度也更低，热量更充足，雨量更充沛，热带雨林发育更完整，更适应琴叶风吹楠生长发育；如果琴叶风吹楠从南部起源，再向北（上游）扩散到云南的边境地区，那么这 3 个国家应有较大的分布面积；在云南分布区，各流域之间受高山阻隔，至少在大陆抬升高山形成之后琴叶风吹楠在省内从一个流域直接传播到另一个流域几乎没有可能，然而与国外的传播路线畅通。

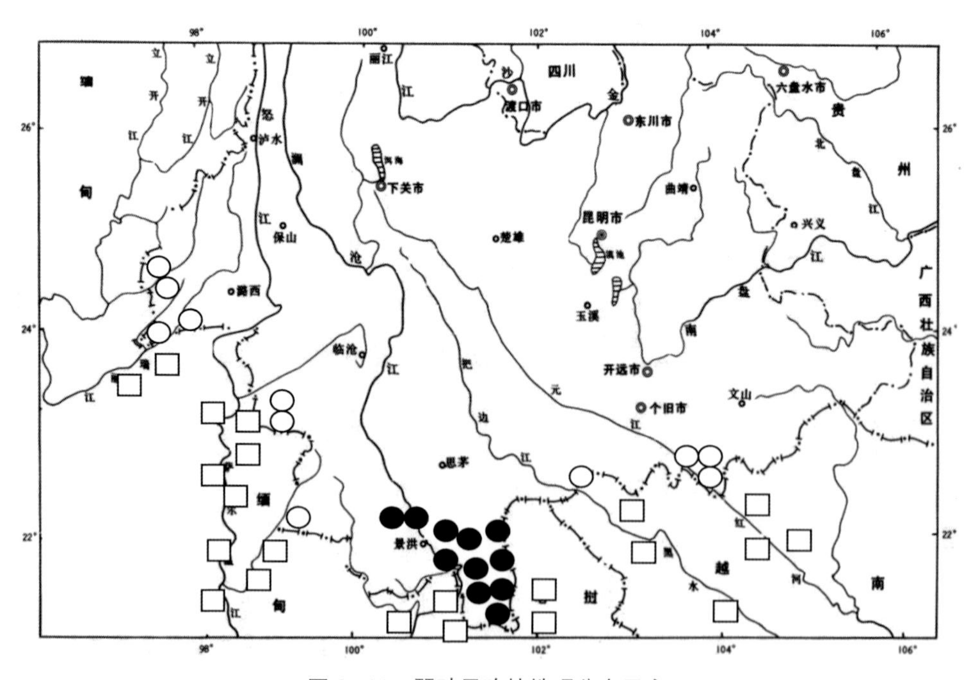

图 2-16　琴叶风吹楠地理分布示意

○文献记录有分布，本次调查未发现；●本次调查有分布，文献也有记录；□理论上可能有分布的国外区域

李秉滔在《Flora of China》中把琴叶风吹楠归并入 *H. prainii*，作为独立种，其分布地点为菲律宾、巴布亚新几内亚、印度尼西亚、印度、泰国、中国云南，却没有提及缅甸、老挝和越南（Wu，2008）。这里不讨论琴叶风吹楠归并入 *H. prainii* 是否合理，但这种“间断分布”的格局却值得探讨。据调查，在西双版纳的某些沟谷，琴叶风吹楠沿沟谷分布绵延数公里，株间距几十米至几百米，但植株离溪水仅几米至十几米。琴叶风吹楠果实大而重，也没有果翅或种翅，成熟后果皮自然开裂（非炸裂），种子连同假种皮脱落，随风远距离传播没有可能，只能受其他树枝的阻障和弹跳作用近距离传播；调查中发现种子和假种皮都有啮齿类动物咬坏的痕迹，树洞或岩石缝隙间偶见贮藏种子，而且这些动物在树上活动频繁，可以认为动物传播是重要的途径之一；种子脱落后被溪水冲到下游萌发，植株沿溪水分布不仅是生境适应的问题，溪水的“定向”传播可能是其重要的原因之一。不管哪种方式传播，琴叶风吹楠沿小溪和河流分布已是不争的事实，所以在同一条河流的上游和下游有分布，中游不可能没有分布。

理论上，琴叶风吹楠在缅甸、老挝和越南应有野生分布，而且种群数量比较大，但没有直接证据，有待进行实地调查。

参考文献

傅立国，陈潭清，郎楷永，等 . 2000. 中国高等植物（第三卷）[M] . 青岛：青岛出版社 .

傅立国 . 1991. 中国植物红皮书（第一册）[M] . 北京：科学出版社 .

李玉媛 . 2005. 云南国家重点保护野生植物 [M] . 昆明：云南科技出版社 .

王荷生 . 1992. 植物区系地理 [M] . 北京：科学出版社 .

吴裕，毛常丽，张凤良，等 . 2015. 琴叶风吹楠（肉豆蔻科）分类学位置再研究 [J] . 植物研究，35（5）：652-659.

吴征镒，路安民，汤彦承，等 . 2003. 中国被子植物科属综论 [M] . 北京：科学出版社 .

杨宇明，杜凡 . 2004. 中国南滚河国家级自然保护区 [M] . 昆明：云南科技出版社 .

杨宇明，杜凡 . 2006. 云南铜壁关自然保护区科学考察研究 [M] . 昆明：云南科技出版社 .

云南省植物研究所 . 1977. 云南植物志（第一卷）[M] . 北京：科学出版社 .

云南植被编写组 . 1987. 云南植被［M］. 北京：科学出版社 .
中国植被编辑委员会 . 1980. 中国植被［M］. 北京：科学出版社 .
中国植物志编辑委员会 . 1979. 中国植物志（第三十卷）［M］. 北京：科学出版社 .
Wu Z Y，Raven P H，Hong D Y. 2008. Flora of China (Vol. 7)［M］. BeiJing：Science Press.

采集分子样品

第3章 琴叶风吹楠生物学特征

3.1 引言

形态、生理、生化特征是物种固有的属性，形态学和植物地理学一直以来是经典植物分类的基础，所以要确定一个植物种，需要描述其形态特征及其种内变异幅度，记录物候特点和开花结实习性，以及记录地理分布范围。然而，不可能对一个植物种的形态特征及其种内变异都一一研究清楚，特别在发表新种时资料积累更是少之又少，因而常出现资料记录不全或差异较大，甚至错误明显。新植物种的发表，对其今后的研究和资料的积累无疑有着良好的促进作用，这也是人们“提前”发表新种的原因之一。

我国植物学家胡先骕（1963）发表琴叶风吹楠时没有描述花的形态特征，后来的《中国植物志》《云南植物志》《中国植物红皮书》及《中国高等植物》也没有提及雌花的形态特征（中国植物志编辑委员会，1979；云南省植物研究所，1977；傅立国，1991，2000），关于雌雄同株和雌雄异株的问题不同文献记录也不一致。据课题组多年定点观察、野外资源调查和标本分析，发现琴叶风吹楠的形态特征与文献记录差异较大，甚至有些文献的记录存在明显错误。本章主要对琴叶风吹楠的花、果实和种子的形态特征及种子萌发特性进行分析和介绍。

3.2 琴叶风吹楠形态特征

常绿高大乔木，高 10~30 m，胸径 30~70 cm，主干通直，分枝集生于树干上部（图 3-1，图 3-2）；分枝平展，稍下垂，整个树冠呈圆锥形或伞形；小枝粗壮，无毛；单叶互生，坚纸质，全缘，两面无毛，倒卵状长圆形或近提琴形（稀卵圆形），长（10~）16~34（~40）cm，宽 6~10 cm，先端短渐尖至突尖，基部楔形至宽楔形，稀圆，两面无毛；侧脉（9~）12~22 对，以 60°~70° 角开展，向上弯曲，细脉不明显；叶柄粗壮，稍扁，常暗红色，长 2~3 cm，宽 4~5 mm（图 3-3，图 3-4）。雌雄同株异花，复总状圆锥花序腋生（图 3-5，图 3-6）。雄花序细长而疏散，长 12~20（~30）cm，分枝稀疏，无毛，总梗粗 3~4 mm，小花梗长 2~4 mm；雄花序的总花梗和小花梗均为红褐色；花蕾及开花时的花被片均为嫩黄绿色；花径 3 mm，花被片 3~4（~5）枚，呈三角状，长 2 mm，基部下延；雄蕊 10 枚，花丝合生成柱，花药外向，排列成圆球形，整个雄蕊群长宽为 1~2 mm。雌花序粗短而密集，长 7~12 cm，无毛，总梗粗约 5 mm，小花梗长不足 2 mm；一般情况下，雌花序着生于枝条中下部落叶的叶腋或内膛小枝叶腋，少数着生于枝条上部；雌花序总花梗及小花梗均为黑褐色；花蕾及开花时的花被片均为墨绿色，花径 3 mm，花被片 3~4（~5）枚，呈三角状，长 2 mm，基部下延；子房上位，无柄，1 心皮 1 室 1 近基生的胚珠，子房明显具腹缝线和背缝线，花柱稍弯曲，贴近子房，花柱几无；子房墨绿色，无毛，整个雌蕊长约 1 mm。

图 3-1 琴叶风吹楠
（在密林中植株树干通直，2010）

图 3-2 琴叶风吹楠
（分枝集生于树干上部，2009）

图 3-3　琴叶风吹楠（常见叶形，2017）

图 3-4　琴叶风吹楠（倒卵形叶，2014）

图 3-5　琴叶风吹楠（雄花枝，2010）

图 3-6　琴叶风吹楠（雌花枝，2010）

个别雌花序会分生出雄花序枝，或者在众多雌花中混入 1 至几朵雄花。雌花序和雄花序在未开放时就存在明显的区别：雄花序细长，分枝稀疏，花梗红褐色，花蕾嫩黄绿色，几乎呈圆球形；雌花序粗短，分枝密集，花梗黑褐色，花蕾墨绿色，呈卵圆形。如果在雌花序上有个别雄花蕾（序）存在，其形态和颜色的区别依然明显（图 3-7、图 3-8）。

图 3-7　琴叶风吹楠（雌雄同枝，2010）

图 3-8　琴叶风吹楠（雌雄同序，2010）

果实成熟时，每果序着生 1~10 个果实，花被片脱落。果实卵圆形至长椭圆形，果皮绿色略暗红，长 4~7cm，宽 2~3.5 cm，先端圆钝至锐尖，果皮下延成柄状，基部不同程度偏斜，果皮不等厚；每果实 1 粒种子，果皮自然开裂，肉质假种皮鲜红色，光亮，顶端撕裂状，完全或未完全包被种子（图 3-9 至图 3-12）；种子卵形至长卵形（稀细长或者近锥形），长 21~39 mm，宽 11~21 mm，种皮硬革质，光滑，灰白色，具褐色斑块和脉纹，种胚位于种子基部的卵形疤痕处，胚长约 1 mm，种子先端突尖或具弯头，稀仅具脉纹紧缩的痕迹（图 3-13，图 3-14）。

花期 3—5 月，果实于第二年 3—5 月成熟。

图 3-9　琴叶风吹楠
（果枝，2010）

图 3-10　琴叶风吹楠
（果实成熟，2010）

图 3-11　琴叶风吹楠
（假种皮鲜红，2009）

图 3-12　琴叶风吹楠
（假种皮顶端撕裂状，2009）

图 3-13　琴叶风吹楠
（新鲜种子，2009）

图 3-14　琴叶风吹楠
（烘干种子，2010）

3.3　琴叶风吹楠雌雄同株的证据

《中国植物志》没有说明琴叶风吹楠是雌雄同株还是异株;《云南植物志》和《中国肉豆蔻科植物分类研究》（叶脉，2004）对风吹楠属记为“单性异株”，种的描述未提及性别问题;《中国高等植物》《中国植物红皮书》和《Flora of China》（Wu，2008）记为雌雄同株。

前面已述及琴叶风吹楠同一株树上雌雄花序并存，同一花序也有雌花和雄花，这是雌雄同株的直接证据。但是许多物种有雌株、雄株和雌雄同株的现象，如番木瓜（*Carica papaya*），也有些物种虽然是雌雄同株，但也有偏雌或偏雄的分化现象，如思茅松（*Pinus kesiya* var. *langbianensis*）。琴叶风吹楠植株高大，花极小，且是雌雄异花，要对大量植株进行直接观察并非易事。

至今没有发现关于琴叶风吹楠传粉媒介的报道，课题组也没有发现传粉昆虫。传粉机制的完善是花部演化的主要方面之一，花的颜色和香味是影响昆虫来访的主要性状之一（金则新，2010）。琴叶风吹楠花极小，花被片绿色，极不显眼；花也没有蜜腺，也未发现明显气味；虽然每朵雄花具 10 枚雄蕊，但花药特小，花粉量也很少。所以，通过风力远距离传粉的可能性不大，即使能传粉，结实率也不会很高。然而，调查中发现，森林破坏后残存的单株（共调查 7 株），每株都是硕果累累（图 3-15），但其周围数公里内并无其他植株，如果雌雄不同株，花粉从哪里来呢，而且结实量还很大，这是琴叶风吹楠雌雄同株的间接证据。

图 3-15　琴叶风吹楠（森林破坏后的残存单株，硕果累累，2009）

但是，本研究没有观察花粉管萌发和受精的过程，不排除无融合生殖的可能，其繁育系统尚需进一步研究。

3.4　琴叶风吹楠种子萌发习性

种子的萌发习性是决定播种繁殖技术的内在因素，也是最重要的因素。这里只介绍种子萌发习性，关于播种繁殖试验的结果将在本书以后章节介绍。

胚（embryo）是包在种子中的幼小植物体，种子萌发实际上就是胚生长和形成幼苗的过程。琴叶风吹楠种子属于顽拗型种子（recalcitrant seed），应即采即播，不宜失水。幼苗属于子叶留土类型，萌发时胚根先从种子基部的发芽孔伸出，并向下生长形成主根，上胚轴的活动相对滞后（胚根生长期）。主根伸长到 1~2 cm 时，上胚轴迅速进行伸长生长；主根伸长到 5~6 cm 时，开始分生侧根，上胚轴形成的主茎长 1~2 cm，但胚芽依然为两片子叶柄所“挟持”，因而弯曲的主茎形成 Q 字形（上胚轴生长期）；随着根和上胚轴的不断伸长，胚芽挣脱子叶柄的“挟持”而形成弯曲的主茎伸出地面，长 3~4 cm，顶端可见微小的真叶，尔后迅速伸直（出土期）；主茎高 5~7 cm 时，真叶初展，主根长约 10 cm（展叶期）；主茎高 10~12 cm 时，真叶长 2~3 cm，此时已形成完整的根系，但是主根发达而侧根纤细（图 3-16）。茎基光滑，不具鳞叶，然而风吹楠（*H. amygdalina*）和大叶风吹楠（*H. kingii*）的茎基具 4~5 枚鳞叶。

胚乳的功能是为种子萌发提供营养物质，琴叶风吹楠种子的主要成分是胚乳，营养富足，在种子萌发过程中，两片子叶也不断生长向胚乳组织延伸（折皱，淡黄色）。种子萌发露白时，子叶较小；胚根长 2 cm 时，子叶长约 1 cm，抵达种子中下部；当真叶展开时，子叶长约 2 cm，抵达种子中上部（图 3-17）。随着幼苗根系逐渐发育健全，胚乳的营养也随之耗尽，种子开始腐烂。在幼苗移栽过程中如果损坏了子叶柄，幼苗失去了胚乳的营养供应，则幼苗生长瘦弱，甚至死亡。

图 3–16　琴叶风吹楠
（种子萌发动态过程，2009）

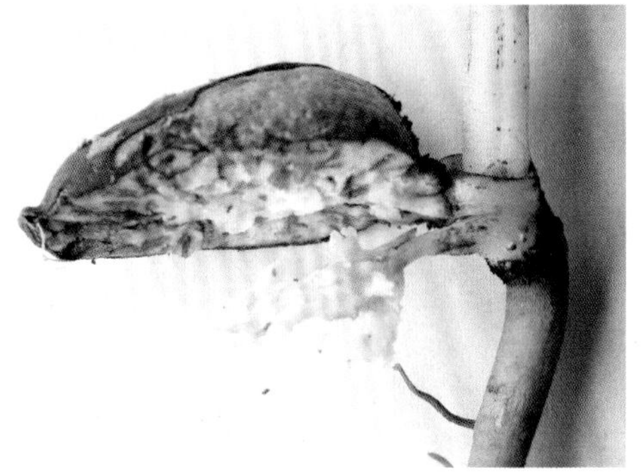

图 3–17　琴叶风吹楠种子萌发过程
（中子叶延伸到胚乳的中上部，2009）

琴叶风吹楠果实成熟时，果皮自然开裂，种子连同假种皮脱落，果皮在树上保留一段时间将近干枯时才脱落，这种脱落方式对种族繁衍有什么意义吗？据课题组第一次试验（2009 年）：采摘 4 株树的果实，每株的随机分一半手工剥去果皮和假种皮后土壤播种，另一半整个果实土壤播种，进行对比试验。结果表明，果实播种的萌发率为 9.09%~33.33%，且苗木生长不良；种子播种的萌发率为 80.00%~86.27%，苗木生长良好。第二次试验（2011 年）：采摘 3 株树的果实，各分成 3 组，其中第 1 组是纯种子播种；第 2 组果实播种；第 3 组手工剥皮后，播种时将果皮和假种皮放在种子的旁边。试验设计 3 次重复，随机区组。结果表明，种子播种萌发率高，果实播种萌发率低，与第一次试验基本一致，放在种子旁边的果皮对种子萌发有一定的抑制作用。至于果皮抑制种子萌发的程度和机理尚需进一步研究。

3.5 琴叶风吹楠种子的多胚现象

琴叶风吹楠种子具有多胚现象，少数种子发育成双生苗（图 3-18，图 3-19），个别种子发育成 3 生苗，通过解剖发现每株幼苗都有 2 片独立的子叶。种子萌发的初期，双生苗的高度相差不大，随着幼苗进一步生长，差距日趋明显，到播种第 4 个月时，地上部分的生物量达到（10~30）：1 的差异（图 3-20），以后差异越来越大，“大”苗正常生长，“小”苗死亡。一般情况通过正常受精获得 1 个胚，其余胚可能有几种来源：一种可能是 2n 的受精卵经过有丝分裂形成双胚，萌发成同卵双生苗，2 株苗都具有父母的核遗传物质，可以认为

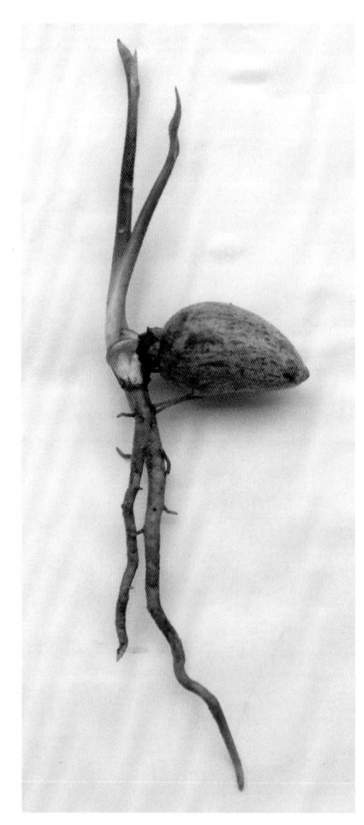

图 3-18　琴叶风吹楠（双生苗，2009）

图 3-19　琴叶风吹楠（双生苗解剖，2009）

图 3-20　琴叶风吹楠（双生苗差异，2009）

是相同的基因型；另一种是母体生殖细胞单性发育而成单倍体（1n）或自然加倍成 2 倍体（2n），或者是母体非减数分裂的细胞形成 2n 的胚子，这 3 种胚都只含有母本的遗传物质；第三种是雄核发育成 1n 的胚，由父本的细胞核和母本的细胞质组成，这种现象很少见。多胚种子有不同的胚胎学成因，既受遗传控制也受环境影响。琴叶风吹楠多胚种子的成因还有待进一步研究。

3.6 小结

琴叶风吹楠雄蕊 10 枚，花丝合生，保存了部分原始性状（Hervé，2003）。肉豆蔻科是一个比较原始的科，其花萼和花瓣不分化，科的范围稳定，虽然科的位置各家观点不一，但公认与番荔枝科（Annonaceae）和马兜铃科（Aristolochiaceae）等近缘（吴征镒，2003）。至于琴叶风吹楠在肉豆蔻科内部的分类位置争议颇大，可能形态特征不清楚是导致观点不一的主要原因之一。

首先确定琴叶风吹楠为雌雄同株，这有直接和间接的证据，然而是否存在纯粹的雄株或雌株尚需开展更多的调查，野外调查发现，有少数单株连续几年跟踪调查都未见结实，传粉与受精过程也尚需观察。琴叶风吹楠果实形态总体特征表现从卵圆形至长椭圆形的变异，与文献记录基本一致。但是有的文献记录果实基部不偏斜，而课题组所调查到的植株为全部偏斜，只是存在不同程度的变异；《Flora of China》记录假种皮橙色（aril orange），实际调查均为鲜红色，只有假种皮干燥后才表现为橙色；果实大小和形态在株内变异小，株间变异大，发现果长 4~7 cm，《中国植物志》和《云南植物志》以果长作为分种检索的依据，即果长 4~4.5 cm 为琴叶风吹楠，4.5~5 cm 的为大叶风吹楠，这显然不可靠。

琴叶风吹楠种子形态和大小都存在不同程度的变异，但是种皮灰白色具淡褐色斑块，种胚位于种子基部，种子先端具突尖是稳定的特征，相比而言，风吹楠和大叶风吹楠的种皮为褐色而不具斑块，种胚位于种子近中部，种子先端圆（无突尖），这些特征是分种或分属的重要依据。另外，琴叶风吹楠幼苗无初生不育叶（鳞叶），而风吹楠和大叶风吹楠具初生不育叶，这也可以作为分种或分属的依据。

参考文献

傅立国 . 1991. 中国植物红皮书（第一册）[M] . 北京：科学出版社，468-469.

傅立国，陈潭清，郎楷永，等．2000. 中国高等植物（第三卷）[M]. 青岛：青岛出版社．

胡先骕．1963. 森林植物小志［J］. 植物分类学报，8(3)：197.

金则新．2010. 夏蜡梅保护生物学［M］. 北京：科学出版社．

吴征镒，路安民，汤彦承，等．2003. 中国被子植物科属综论［M］. 北京：科学出版社，76-79.

叶脉．2004. 中国肉豆蔻科植物分类研究［D］. 广州：华南农业大学（硕士论文）.

云南省植物研究所．1977. 云南植物志（第一卷）[M]. 北京：科学出版社，8-13.

中国植物志编辑委员会．1979. 中国植物志（第三十卷）[M]. 北京：科学出版社，194-205.

Hervé Sauquet. 2003. Androecium Diversity and Evolution in Myristicaecae (Magnoliales), with a Description of a new Malagasy genus, Doyleanthus Gen. Nov. [J]. American Journal of Botany, 90 (9): 1 293-1 305.

Wu Z Y, Raven P H, Hong D Y. 2008. Flora of China (Vol. 7) [M]. BeiJing : Science Press.

琴叶风吹楠（老树，雄花枝，2009）

第4章 琴叶风吹楠果实和种子群体变异式样

4.1 引言

种内变异是物种形成和种群发展的物质基础，一个物种的种内遗传变异大小是长期进化的产物，分布区环境差异越大，立地条件越复杂，则种内遗传变异越丰富；反过来，种内遗传变异越丰富，对环境变化的适应能力就越强，种群扩散和种群发展的潜力就越大。花、果实和种子的形态是植物分类鉴定的重要依据。虽然果实和种子性状具有稳定性和保守性，但是由于物种分布区环境条件多样，选择压力使果实和种子的形态特征表现出适应性分化，再加上被子植物双受精作用使得种内遗传变异更加丰富，所以被子植物果实和种子的形态多态性普遍存在（曹慧娟，1992）。

研究物种的变异式样对分类鉴定有重要的作用，只有掌握性状的变异程度才不至于把变异的两个极端分成不同的物种，且能处理特殊变异类型和变异个体。胡先骕（1963）同时发表的 *Horsfieldia pandurifolia* 和 *H. longipedunculata* 在《云南植物志》和《中国植物志》中合并为 *H. pandurifolia*。*H. pandurifolia* 先后被归并入 *H. macrocoma* 和 *H. prainii*（云南省植物研究所，1977；中国植物志编辑委员会，1979；叶脉，2004；Wu, 2008）。这些都说明琴叶风吹楠的表型变异导致分类学观点不统一。本章主要介绍琴叶风吹楠果实和种子形态特征的变异式样。

4.2 研究方法

从 2009—2010 年在琴叶风吹楠的分布地进行野外调查，于 3—6 月的果实成熟季节从勐腊县、景洪市、双江县、澜沧县采集果实和种子，以植株为单位记录和保存。用人工采摘16株树的果实，记录果序长度、每果序果实个数、果实形态、果长、果宽、假种皮颜色，再将果实带回试验室剥出种子；对23株直接从地上拾取自然脱落种子。种子经鼓风干燥烘干箱36℃恒温干燥后保存，以植株为单位每株随机抓取30粒种子测量种子长、种子宽、记录种子形态特征（少数植株不足30粒，全部测）。调查时，用望远镜检视树冠上的果序形态和果实数量等性状，在数据分析时作参考。2011—2013年，野外调查时也进行了观察记录，作为补充。

测量数据用Excel 2003软件处理，计算种子长、种子宽和长宽比率的平均数、方差、标准差、变异系数、长与宽相关系数，并进行显著性检验。

4.3 琴叶风吹楠果实形态特征变异

本研究记录了16株树的果实特征，记录了13株树果序的果实个数，记录了12株树果序长度（表4-1）。对野外调查时记录的果序长、每果序最多成熟果实数，以及望远镜检视的果序结构特征记录和照片记录等进行综合分析。结果表明，琴叶风吹楠的果序长短和每果序成熟果实数差异较大。有的植株果序长而疏散，有些较短，在所调查的13株树中，果序长达30 cm的有4株，25 cm的4株，20 cm的3株，15 cm的1株；在13株树中，每果序成熟果实数多达10个的2株，8~9个的2株，4~6个的9株。望远镜检视结果表明，每果序的果实一般都超过3个，大部分为4~6个（图4-1、图4-2）。调查数据与文献中果序长10~18 cm，通常成熟果

图4-1 琴叶风吹楠
（果序，果实较多，2009）

图4-2 琴叶风吹楠
（果序，果实较少，2009）

实 1~3 个的记录差异较大（中国植物志编辑委员会，1979；云南省植物研究所，1977；郑万钧，1983；傅立国，1991，2000）。

大部分植株的平均果长为 4~5 cm，果宽为 2.5~3.5 cm，少数植株的果长为 5~7 cm，宽为 2~3 cm，表现出果实从卵圆形至长椭圆形的变异（图 4-3、图 4-4）。果实基部下延，大部分植株的表现为轻微偏斜，少数植株明显偏斜；果实先端表现为从圆钝、钝尖、急尖到锐尖的变异。所调查的 16 株树中，有 14 株树的果实为卵圆形，先端圆钝至急尖，基部轻微偏斜，有 2 株树的果实为长椭圆形，先端锐尖，基部明显偏斜。果实总体形态与文献记录基本一致，但果实大小、先端和基部特征与文献记录差异较大，文献中以果实长短作为分种检索依据显得不合理（中国植物志编辑委员会，1979；云南省植物研究所，1977；郑万钧，1983；傅立国，1991，2000）。

表 4-1　琴叶风吹楠果实形态株间变异

植株编号	果序长	果实数 / 个	果实形态	果实先端	果实基部
20090303	25	5	卵圆形	圆钝	轻微偏斜
20090304	—	—	卵圆形	钝尖	轻微偏斜
20090305	30	8	卵圆形	钝尖	轻微偏斜
20090308	30	9	卵圆形	圆钝	轻微偏斜
20090309	25	5	卵圆形	突尖	轻微偏斜
20090402	25	5	长椭圆形	锐尖	明显偏斜
20090403	25	10	长椭圆形	锐尖	明显偏斜
20090404	—	—	卵圆形	圆钝	轻微偏斜
20090405	—	—	卵圆形	圆钝	轻微偏斜
20090406	—	4	卵圆形	圆钝	轻微偏斜
20090407	30	6	卵圆形	钝尖	轻微偏斜
20090409	15	4	卵圆形	急尖	轻微偏斜
20090413	20	6	卵圆形	急尖	轻微偏斜
20090414	30	5	卵圆形	钝尖	轻微偏斜
20100401	20	6	卵圆形	急尖	轻微偏斜
20100404	20	10	卵圆形	圆钝	轻微偏斜

注：数据按植株编号排列。

图 4–3　琴叶风吹楠
（卵圆形果实，2009）

图 4–4　琴叶风吹楠
（长椭圆形果实，2009）

根据调查结果，琴叶风吹楠成熟果实的果皮基部或多或少下延成短柄状，花被片早落，假种皮为鲜红色（未成熟时为白色）。但是在《Flora of China》中记载假种皮为橙色（aril orange），这是记录错误。

4.4　琴叶风吹楠种子形态特征变异

对 39 株树种子测量数据进行分析的结果表明（表 4-2），种子长总平均为 29.94 mm，单株平均种长最大值（35.66 mm）是最小值（25.05 mm）的 1.42 倍，单因素方差分析表明种长株间变异极显著（$P < 0.01$）；株内变幅最小为 28.50~31.10 mm，相差 2.6 mm，最大为 28.00~38.30 mm，相差 10.3 mm；可以用变异系数来衡量种长的整齐度，变异系数最小为 2.37%，最大为 18.29%，只有 2 株树的种长变异系数大于 10%，16 株位于 5%~10% 之间，其余 21 株的小于 5%，表明野生琴叶风吹楠种子长度在株内保持较好的一致性。39 株树 922 粒种子中，种子最短为 21.10 mm，最长为 38.80 mm，其变幅明显大于文献记载种子长 25~32 mm 的变幅（中国植物志编辑委员会，1979；云南省植物研究所，1977；郑万钧，1983）。

39 株树种宽总平均为 16.71 mm，单株平均种宽最大值（19.62 mm）是最小值（13.30 mm）的 1.48 倍，单因素方差分析表明种宽株间变异极显著（$P < 0.01$）；株内变幅最小为 16.20~17.50 mm，相差 1.5 mm，极差一般在 4~6 mm；变异系数最小为 2.46%，最大为 9.12%，小于 5% 的有 24 株，占总株数的 60%，表明种子宽度在株内也保持较好的一致性。39 株树 922 粒种子中，种宽最小为 11.50 mm，

最大为 20.80 mm，其变幅明显大于文献记载种子宽 16~18 mm 的变幅（中国植物志编辑委员会，1979；云南省植物研究所，1977；郑万钧，1983）。

表 4-2　琴叶风吹楠种子长和宽的株间变异

植株	种子长度 /mm		种子宽度 /mm		长宽比	
	平均值 ± 标准差	变异幅度	平均值 ± 标准差	变异幅度	平均值 ± 标准差	变异幅度
20090303	29.44 ± 1.63	26.50~32.00	18.81 ± 0.78	16.70~20.00	1.57 ± 0.07	1.43~1.73
20090304	27.40 ± 1.68	24.60~32.80	18.53 ± 0.69	16.80~19.90	1.48 ± 0.07	1.34~1.65
20090305	30.61 ± 0.88	28.90~32.00	16.22 ± 0.61	15.30~17.90	1.89 ± 0.08	1.75~2.01
20090308	29.57 ± 1.16	26.10~31.50	16.13 ± 0.64	14.90~17.90	1.84 ± 0.09	1.63~1.97
20090309	29.52 ± 0.81	28.50~31.10	18.05 ± 0.72	16.50~19.00	1.64 ± 0.08	1.54~1.82
20090310	31.99 ± 1.24	28.50~33.90	17.55 ± 0.53	16.50~18.80	1.82 ± 0.07	1.68~1.95
20090402	34.20 ± 3.03	24.80~39.60	16.17 ± 0.84	14.30~18.10	2.12 ± 0.20	1.63~2.59
20090403	35.66 ± 2.17	30.80~38.80	15.45 ± 1.19	12.00~17.10	2.32 ± 0.18	1.93~2.71
20090404	28.33 ± 1.29	25.70~31.60	18.71 ± 0.76	16.30~19.90	1.52 ± 0.08	1.38~1.70
20090405	32.18 ± 1.97	26.50~34.20	17.93 ± 0.70	16.50~19.00	1.80 ± 0.11	1.58~2.00
20090406	32.77 ± 1.65	29.10~36.10	16.40 ± 0.62	15.10~17.50	2.00 ± 0.15	1.71~2.31
20090407	32.17 ± 0.83	30.50~34.10	15.74 ± 0.61	14.50~16.80	2.05 ± 0.09	1.85~2.24
20090408	30.64 ± 1.43	27.00~33.00	15.95 ± 1.46	11.80~21.70	1.94 ± 0.19	1.45~2.66
20090409	31.76 ± 1.38	28.00~34.10	17.05 ± 0.65	15.50~18.30	1.87 ± 0.10	1.61~2.11
20090413	30.04 ± 2.40	18.40~33.40	16.30 ± 0.48	15.20~17.00	1.84 ± 0.16	1.10~1.99
20090414	30.52 ± 0.92	29.10~32.80	16.33 ± 0.49	15.50~17.40	1.87 ± 0.08	1.74~2.05
20090415	26.24 ± 2.01	20.10~29.90	13.30 ± 0.70	11.50~14.90	1.97 ± 0.11	1.75~2.15
20090502	26.82 ± 1.41	24.80~29.40	15.21 ± 0.48	14.50~15.90	1.76 ± 0.09	1.59~1.88
20090503	27.96 ± 1.45	24.10~30.10	16.98 ± 0.85	15.10~18.50	1.65 ± 0.10	1.47~1.92
20090504	28.16 ± 1.40	25.10~32.30	17.01 ± 1.17	14.80~18.90	1.66 ± 0.15	1.35~1.94
20090505	28.24 ± 1.15	25.30~30.10	17.14 ± 0.50	16.30~18.10	1.65 ± 0.06	1.55~1.78
20090506	27.83 ± 0.93	25.10~29.50	17.03 ± 0.96	14.80~19.30	1.64 ± 0.10	1.41~1.89
20090507	28.33 ± 1.29	25.00~30.70	17.37 ± 1.10	14.90~19.50	1.64 ± 0.13	1.40~1.85
20090508	28.38 ± 0.69	27.50~30.00	17.45 ± 0.51	16.70~18.20	1.63 ± 0.06	1.53~1.76

（续表）

植株	种子长度 /mm		种子宽度 /mm		长宽比	
	平均值 ± 标准差	变异幅度	平均值 ± 标准差	变异幅度	平均值 ± 标准差	变异幅度
20090509	25.05 ± 0.97	22.30~26.90	16.02 ± 0.64	14.70~17.10	1.56 ± 0.06	1.45~1.68
20090510	26.59 ± 0.78	24.90~28.10	17.14 ± 0.55	16.00~18.10	1.55 ± 0.07	1.45~1.69
20090511	28.21 ± 2.35	22.60~37.20	18.48 ± 0.46	17.10~19.40	1.53 ± 0.13	1.23~2.03
20090512	28.74 ± 2.76	21.10~32.50	17.49 ± 0.99	15.70~18.80	1.64 ± 0.13	1.20~1.77
20090513	31.18 ± 1.03	28.80~33.30	17.00 ± 0.47	16.00~17.90	1.83 ± 0.08	1.66~1.98
20090601	27.26 ± 1.72	25.20~30.80	15.43 ± 1.04	13.20~16.80	1.77 ± 0.11	1.59~2.00
20090602	32.25 ± 3.76	28.00~38.30	16.13 ± 0.89	14.20~17.10	2.01 ± 0.31	1.64~2.61
20090603	28.89 ± 5.28	19.10~36.00	15.53 ± 0.69	14.50~17.10	1.86 ± 0.32	1.32~2.25
20090604	32.14 ± 2.41	28.00~37.50	15.31 ± 0.71	14.20~17.00	2.10 ± 0.19	1.75~2.47
20090605	32.29 ± 1.71	27.00~35.00	15.30 ± 0.51	14.20~16.10	2.11 ± 0.08	1.90~2.22
20100401	32.63 ± 0.77	31.70~33.70	17.03 ± 0.50	16.20~17.50	1.92 ± 0.05	1.86~2.02
20100402	32.78 ± 1.55	30.60~35.50	15.69 ± 0.98	14.30~17.40	2.10 ± 0.14	1.85~2.31
20100403	32.04 ± 1.03	30.60~33.90	16.60 ± 0.85	15.20~17.90	1.93 ± 0.10	1.71~2.06
20100404	30.06 ± 1.45	26.90~31.70	16.03 ± 0.82	14.70~16.90	1.88 ± 0.11	1.76~2.07
20100501	28.76 ± 1.97	25.40~30.30	19.62 ± 1.09	18.00~20.80	1.47 ± 0.04	1.41~1.51
平均	29.94 ± 2.39	25.05~35.66	16.71 ± 1.23	13.30~19.62	1.81 ± 0.21	1.47~2.32

注：数据按编号排列。

种子长宽比可以作为评价种子特征的指标之一。种子长宽比总平均为 1.81，最大值（2.32）是最小值（1.47）的 1.58 倍，在株间存在极显著差异（$P<0.01$）。单株平均种长与平均种宽的相关性分析结果表明长与宽呈弱负相关，其中 20090403 号平均种长 35.66 mm，排名第 1，而平均种宽 15.45 mm，排名第 34；20090501 号平均种宽 19.62 mm，排名第 1，平均种长 28.76 mm，排名第 24。相关性分析结果表明，种子长与宽显著正相关（$P<0.05$）的有 11 株树，占 27.5%；相关系数位于 −0.2~0.2 之间的有 15 株，占 37.5%，这 15 株的种长和种宽变异系数都较小，通过检视，种子形态和大小具有良好一致性；20090406 号和 20090602 号树的种子长与宽呈负相关，但没有达到显著水平（$P>0.05$），通过检视，种子形态特征差异明显。

大部分（94.87%）植株的种子形态和大小在株内保持高度一致性，而株间表现明显的差异性，有从宽短向细长变异的趋势。但是 20090406 号和 20090602 号长与宽呈负相关，种子形态和大小变异大的原因还有待深入研究。

对 39 株树种子的种皮、种脐、先端、总体形态 4 个性状进行观察和分析，结果表明：种皮灰白色，具脉纹及淡褐色斑块，这是所有种子共同的性状。种脐位于种子基部，呈椭圆形，稍偏斜，在 39 株树中，有 3 株的种脐极小，其余 36 株的种脐大小和形态都表现不同程度的变异。种脐和胚位于种子基部，这是琴叶风吹楠稳定的性状。琴叶风吹楠种子先端具突尖或短喙，一般较长种子具突尖，短圆种子具短喙，其大小和形态都存在明显的株间变异。通过 39 株树的种子比较，突尖明显伸长（1~2 mm）的有 4 株，占 10.26%，突尖或短喙明显可见的有 21 株，占 53.85%；短喙较小的 12 株，占 30.77%；有 1 株的不具短喙，只见脉纹紧缩的痕迹，另 1 株的变异较大。从种子总体形态看，种子基部较宽，先端较窄，呈卵形的 22 株，占 56.41%，长卵形的 11 株，占 28.21%，近圆锥形的 3 株，细长的 2 株，变异特别大的 1 株（图 4-5 至图 4-7）。琴叶风吹楠种子主要是卵形（56.41%）和长卵形（28.21%），但是种子先端较尖这一性状与风吹楠和大叶风吹楠的典型卵形和椭圆形种子存在明显区别。

图 4-5　琴叶风吹楠（种子形态的株间变异，2009）

图 4-6　琴叶风吹楠（种子，先端圆钝，2009）

图 4-7　琴叶风吹楠（种子，近锥形，2009）

4.5　小结

云南地型复杂，山高谷深，形成不同的地方小气候，多样的环境给琴叶风吹楠种群形成不同的选择压力，导致果实和种子表现出适应性分化，同时由于高山阻断了基因的交流，所以形态变异较大。通过 8 个分布点 39 株树的果实和种子的形态特征变异研究表明，琴叶风吹楠果实和种子的大小和总体形态存在不同程度的变异，表现为株间变异大，株内变异小；成熟果实花被脱落，假种皮鲜红色，灰白色种皮具褐色斑块，种脐和胚位于种子基部，种子先端具突尖或短喙是较稳定的性状，具有重要的分类学价值。

琴叶风吹楠的果序长度、果实个数、果实长度、果实先端特征和基部偏斜程度皆表现出明显的株间变异，与文献记录差异较大。果实总体特征表现出从卵圆形至长椭圆形的变异，与文献记载一致。果实基部偏斜和果皮下延成柄状是变异的性状，而且其他种也有类似特征，对于分类作用不大。

琴叶风吹楠种子长、种子宽和长宽比的株间差异达到极显著水平（$P < 0.01$），种子的总体形态也表现出从卵形（56.41%）、长卵形（28.21%）至细长形或近锥形的株间变异，但是同一植株种子的大小和总体形态保持高度一致性。

建议将琴叶风吹楠的果实和种子描述进行修订：果实卵圆形至长椭圆形，长 4~7 cm，宽 2~3.5 cm，先端圆钝至锐尖，果皮下延成柄状，基部不同程度偏斜；成熟果实花被片脱落，果皮自然开裂，假种皮鲜红色；种子卵形至长卵形（稀细长或近锥形），长 21~39 mm，宽 11~21 mm，种皮灰白色具褐色斑块，种脐和胚位于种子基部，种子先端突尖或具短喙。

参考文献

曹慧娟 . 1992. 植物学［M］. 北京：中国林业出版社 .

傅立国，陈潭清，郎楷永，等 . 2000. 中国高等植物（第三卷）［M］. 青岛：青岛出版社 .

傅立国，金鉴明 . 1991. 中国植物红皮书（第一册）［M］. 北京：科学出版社 .

胡先骕 . 1963. 中国森林树木小志（一）［J］. 植物分类学报，8（3）：197-198.

叶脉 . 2004. 中国肉豆蔻科植物分类研究［D］. 广州：华南农业大学 .

云南省植物研究所 . 1977. 云南植物志（第一卷）［M］. 北京：科学出版社 .

郑万钧 . 1983. 中国树木志（第一卷）［M］. 北京：中国林业出版社 .

中国植物志编辑委员会 . 1979. 中国植物志（第三十卷）［M］. 北京：科学出版社 .

Wu Z Y, Raven P H, Hong D Y. 2008. Flora of China (Vol. 7)［M］. Beijing: Science Press.

琴叶风吹楠，2009

第5章 琴叶风吹楠种子脂肪酸成分群体变异式样

5.1 引言

经典的植物分类学过去一直以植物形态学和植物地理学为基础，但是同一植物种在不同的时间和空间上都表现出高度的种内多样性，甚至同一无性系各分株间也会存在一定差异，形态学与区系学对一些群体的分类处理显得无能为力。一直以来，科学家们力求建立一个植物的自然分类系统，虽然取得了很大成绩，但是还远远不够，需要多学科配合、多方面寻找证据，相继建立了数量分类学、化学分类学、分子系统学等分枝学科。

现有理论认为亲缘关系相近的植物类群具有相似的化学成分，这个理论对新植物资源的寻找和开发提供了有效的指导，反过来也为植物分类系统的建立提供了部分依据。但是，植物的系统发育与其化学成分的关系极为复杂，它们之间没有绝对的相关性，具有相同化学成分的两个种很可能亲缘关系极遥远，亲缘关系极近的两个种化学成分也可能千差万别。亲缘关系与化学成分相关与否都可以在中草药中找到良好的例证。

本章从澜沧江流域天然林内采集琴叶风吹楠成熟种子，提取油脂，进行脂肪酸成分测定，分析各脂肪酸的相对含量及其群体变异式样。

5.2 研究方法

2009—2010 年 4—6 月的果实成熟季节从勐腊县、景洪市、双江县、澜沧县天然林内采集成熟果实剥出种子或者从地上拾取自然脱落的种子，新鲜种子在

36℃恒温条件下鼓风干燥后保存，分别于2009年7月和2010年8月提取油脂并进行脂肪酸成分测定。

种子种仁率测定：随机抓取完好的种子，用分析天平测量（精确到0.001g）种子重，然后手工去除种皮，测定种仁重。种仁率（%）= 种仁重 / 种子重 ×100%。

种仁含油率测定：种仁含油率测定采用索氏提取法，参照GB 5512—1985粮食、油料检验粗脂肪测定法。以乙醚为溶剂，用电热恒温水浴加热回流（40℃），提取8小时，获得粗脂肪（许玉兰，2011）。种仁含油率（%）= 粗脂肪重量 / 种仁重量 ×100%。

油脂甲酯化反应：种仁油脂甲酯化参照GB/T 17376—1998《动植物油脂　脂肪酸甲酯制备》中第5章“四碳或四碳以上脂肪酸甲酯的特殊制备方法”进行。取约20 mg油样置于10 mL玻璃离心管内，加入2 mL正己烷浸泡约20 min，再加入浓度为2 mol/L的氢氧化钾甲醇溶液0.3 mL，充分震荡2 min，离心1 min分层，取上层溶液直接进样进行GC/MS及GC分析。

脂肪酸成分测定：仪器采用美国Agilent Technologies公司HP6890GC/5973MS气相色谱－质谱联用仪；美国Agilent Technologies公司HP5890气相色谱仪。

气相色谱－质谱（GC/MS）条件：GC条件，HP-5MS石英毛细管柱（30 mm × 0.25 mm × 0.25 μm），柱温120~240℃，程序升温3 ℃/min，柱流量为1.0 mL/min，进样口温度250℃，柱前压100 kPa，进样量0.20 μL，分流比为10∶1，载气为高纯氮气；MS条件，电离方式EI，电子能量70，传输线温度250℃，离子源温度230℃，四极杆温度150℃，质量范围35~450 amu，采用wiley7n.l标准谱库，计算机检索定性（许玉兰，2010）。

气相色谱（GC）分析条件：HP-5石英毛细管柱（30 mm× 0.32 mm × 0.25 μm）；柱温150~280 ℃，程序升温3 ℃/min；柱流量为1.5 mL/min；进样口温度250℃；氢火焰检测器温度250℃；进样量1.0 μL；分流比50∶1；载气为高纯氮气。采用气相色谱峰面积归一化法计算各成分的相对含量（许玉兰，2010）。

种子处理工作在云南省热带作物科学研究所种质资源研究实验室完成，油脂提取在西南林业大学植物化学与西部植物资源持续利用国家重点实验室完成，脂肪酸成分测定委托中国科学院昆明植物研究所测试中心完成。

5.3　琴叶风吹楠种子种仁率与含油率的测定

测定了琴叶风吹楠 38 株树的种子种仁率（表 5-1），种仁率的变幅为 74.30%~86.78%，极差为 12.48%，平均种仁率为 84.11%；种仁率低于 80% 的有 4 株树，占 10.53%；种仁率 80% 以上的有 34 株树，占 89.47%。总体上看，琴叶风吹楠种子发育良好，种子饱满，具有较高的种仁率，株间差异不大。

测定了 39 株树的种仁含油率（图 5-1、图 5-2、表 5-1），含油率变幅为 52.48%~71.09%，平均含油率为 62.58%。其中大部分植株的种仁含油率在 60%~70% 之间，有 29 株，占 74.36%；低于 60% 的有 9 株，占 23.08%；高

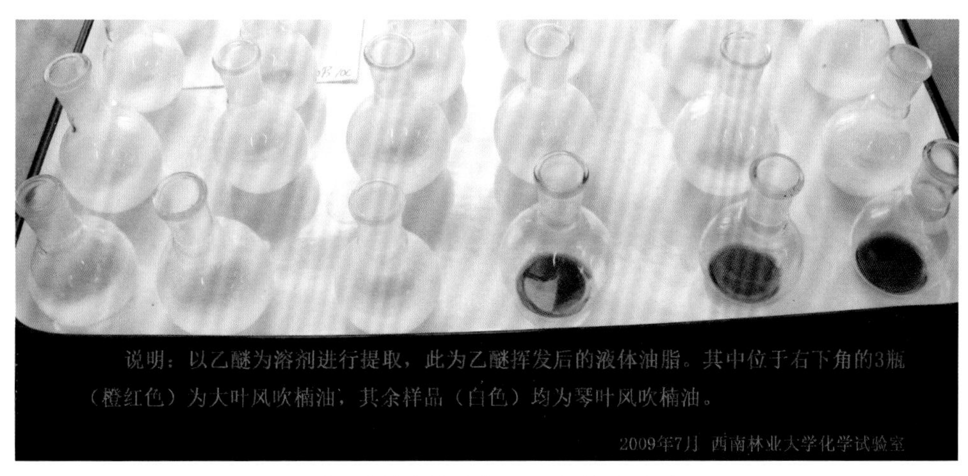

说明：以乙醚为溶剂进行提取，此为乙醚挥发后的液体油脂。其中位于右下角的3瓶
（橙红色）为大叶风吹楠油，其余样品（白色）均为琴叶风吹楠油。
2009年7月　西南林业大学化学试验室

图 5-1　琴叶风吹楠液体油脂（乙醚刚挥发完成，2009）

说明：左起第4、第8瓶样品（橙红色）为大叶风吹楠油；其余样品（白色）为琴叶风
吹楠油。油脂在室温下均为固体。
2009年7月　西南林业大学化学试验室

图 5-2　琴叶风吹楠固体油脂（静置于室温条件下，2009）

于 70% 的 1 株，占 2.6%。从总体上看，琴叶风吹楠种仁含油率比较高，但株间差异极显著（$P < 0.01$）。将本研究中平均种仁含油率换算成平均种子含油率为 61.06%，结果与《中国植物志》（中国植物志编辑委员会，1979）记录的种子含油率 57.39%、《中国植物红皮书》的 56.18%（傅立国，1991）、《中国油脂植物》的 56.2%（中国油脂植物编写委员会，1987）基本一致。

表 5-1　琴叶风吹楠种子种仁率及种仁含油率

植株编号	种仁率 /%	种仁含油率 /%	植株编号	种仁率 /%	种仁含油率 /%
20090301	83.55	57.53	20090505	86.44	60.86
20090303	81.50	58.93	20090506	86.52	62.15
20090304	83.45	52.48	20090507	86.30	63.61
20090308	83.08	58.97	20090508	86.46	65.93
20090309	83.52	55.48	20090509	85.09	64.32
20090310	86.72	61.84	20090510	86.62	63.06
20090402	76.18	63.19	20090511	86.75	62.15
20090403	78.23	56.39	20090512	86.44	62.61
20090404	85.29	65.24	20090513	85.07	66.31
20090405	82.50	67.41	20090601	85.63	63.55
20090406	84.20	65.72	20090602	85.45	65.50
20090407	84.01	65.05	20090603	86.09	65.87
20090408	85.97	64.53	20090604	85.49	67.69
20090409	83.54	60.09	20090605	86.35	71.09
20090413	79.84	66.09	20100401	85.29	59.00
20090414	79.59	61.72	20100402	74.30	59.92
20090415	85.65	67.60	20100403	83.28	61.94
20090502	84.03	61.93	20100404	85.69	57.05
20090503	85.14	61.23	20100501	/	61.66
20090504	86.78	64.97	平　均	84.11	62.58

5.4　琴叶风吹楠种子脂肪酸成分测定

GC/MS 检测到琴叶风吹楠所有单株的种子都含有的 18 种脂肪酸（图 5-3、图 5-4）。分别为：癸酸（10：0）、十二碳烯酸（12：1）、十二烷酸（12：0）、

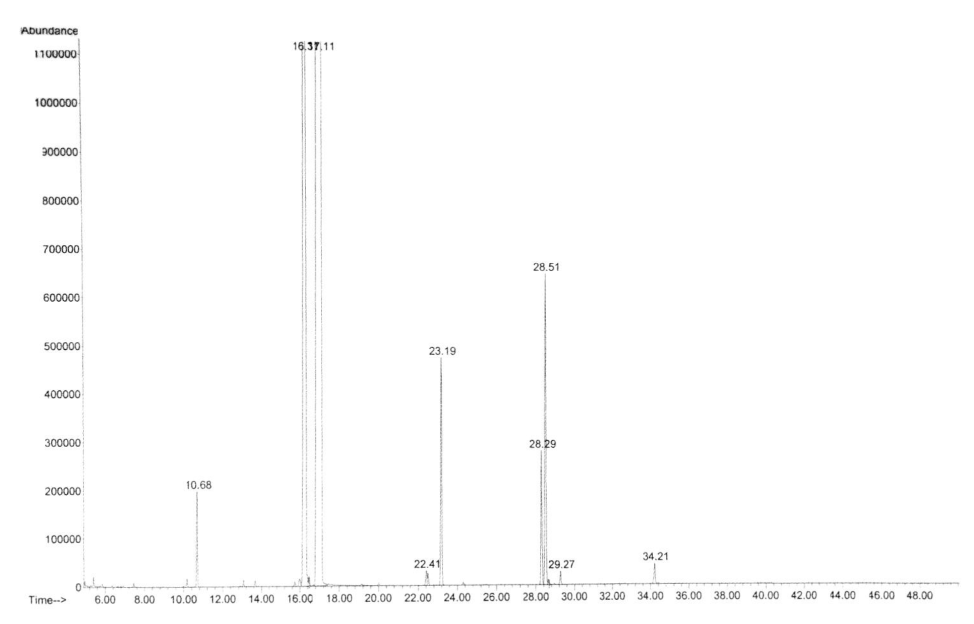

图 5-3　琴叶风吹楠种子脂肪酸测定之总离子流

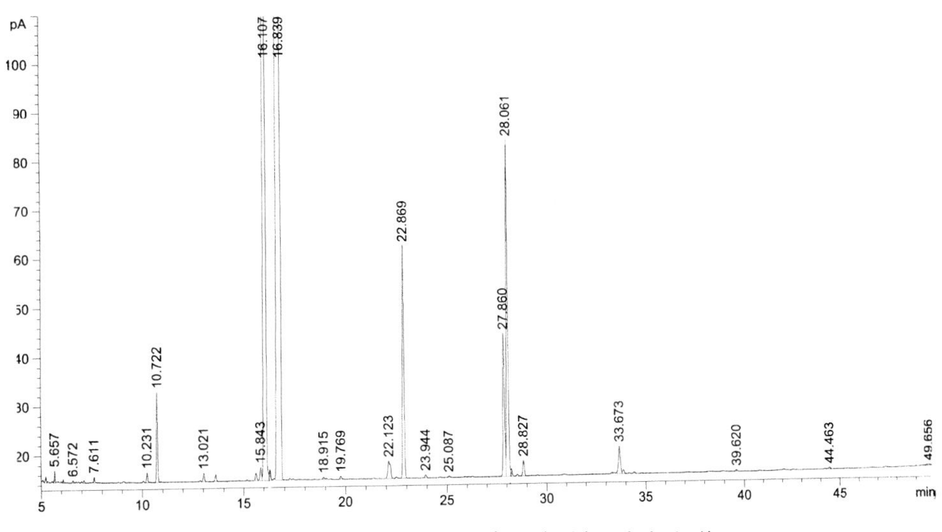

图 5-4　琴叶风吹楠种子脂肪酸测定之气相色谱

十三碳烯酸（13：1）、十三烷酸（13：0）、十四碳烯酸（14：1）、十四烷酸（14：0）、十五烷酸（15：0）、十六碳烯酸（16：1）、十六烷酸（16：0）、十八碳二烯酸（18：2）、十八碳烯酸（18：1）、十八烷酸（18：0）、二十碳烯酸（20：1）、二十烷酸（20：0）、二十二烷酸（22：0）、二十四烷酸（24：0）。测定过程中发现：十四碳烯酸（14：1）、十八碳烯酸（18：1）存在异构体；另外，还发现 9- 环丙壬酸，但含量极低。各脂肪酸成分结构见表 5-2。

表 5-2　琴叶风吹楠脂肪酸成分及其结构式

序号	脂肪酸名称	结　构　式
1	癸酸，10：0	癸酸（10:0）
2	十二碳烯酸，12：1（6）	十二碳烯酸［12:1（6）］
3	十二烷酸，12：0 （月桂酸）	十二烷酸（12:0）
4	十三碳烯酸，13：1（9）	十三碳烯酸［13:1（9）］
5	十三烷酸，13：0	十三烷酸（13:0）
6	十四碳烯酸，14：1（9） 十四碳烯酸，14：1（11） （异构）	十四碳烯酸（异构）［14:1（11）］
7	十四烷酸，14：0 （肉豆蔻酸）	十四烷酸（14:0）

（续表）

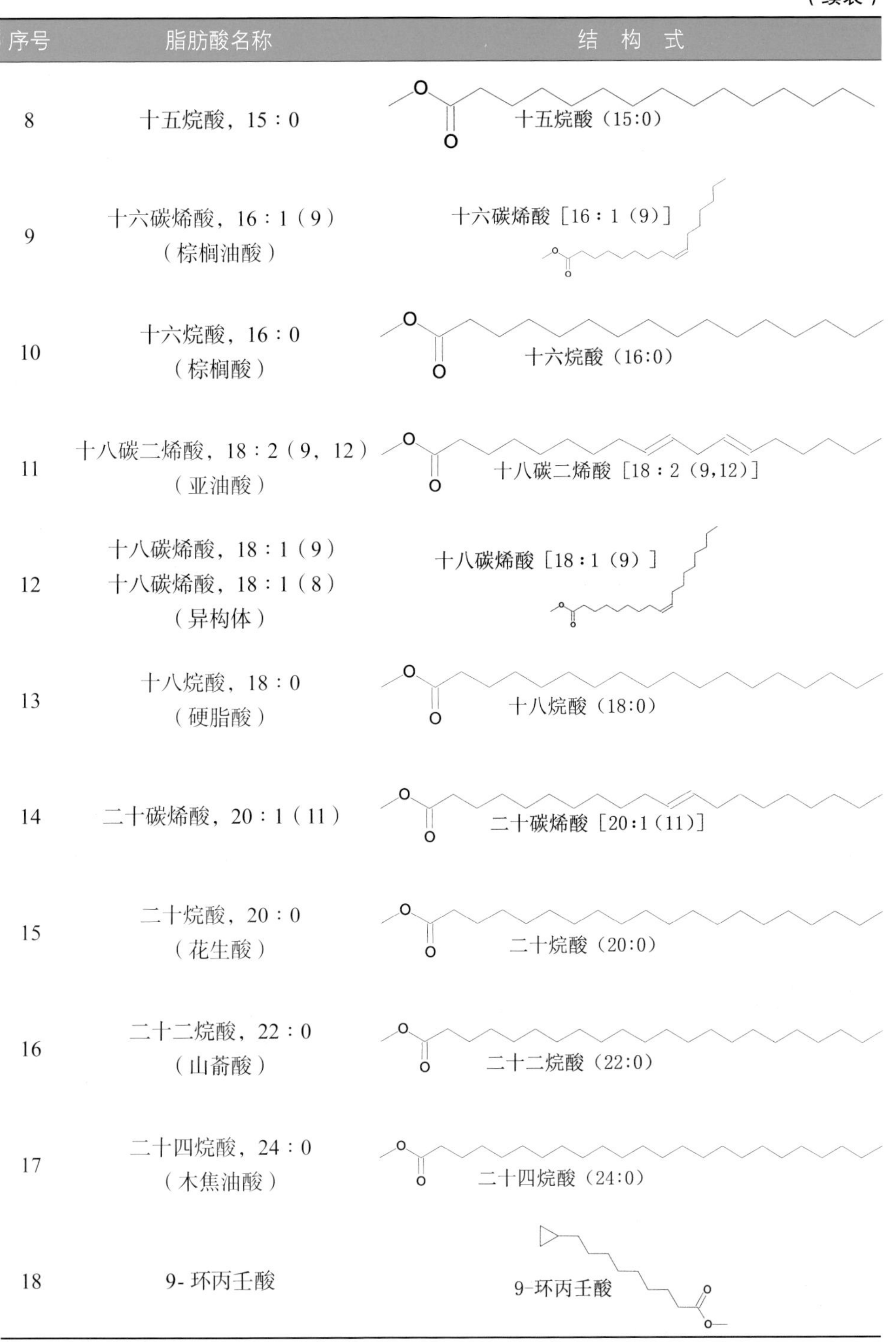

序号	脂肪酸名称	结构式
8	十五烷酸，15：0	十五烷酸（15:0）
9	十六碳烯酸，16：1（9） （棕榈油酸）	十六碳烯酸［16：1（9）］
10	十六烷酸，16：0 （棕榈酸）	十六烷酸（16:0）
11	十八碳二烯酸，18：2（9，12） （亚油酸）	十八碳二烯酸［18：2（9,12）］
12	十八碳烯酸，18：1（9） 十八碳烯酸，18：1（8） （异构体）	十八碳烯酸［18：1（9）］
13	十八烷酸，18：0 （硬脂酸）	十八烷酸（18:0）
14	二十碳烯酸，20：1（11）	二十碳烯酸［20:1（11）］
15	二十烷酸，20：0 （花生酸）	二十烷酸（20:0）
16	二十二烷酸，22：0 （山萮酸）	二十二烷酸（22:0）
17	二十四烷酸，24：0 （木焦油酸）	二十四烷酸（24:0）
18	9- 环丙壬酸	9-环丙壬酸

5.5 琴叶风吹楠种子脂肪酸成分群体变异式样

将 39 株树的完全成熟种子脂肪酸测定值列于表 5-3，其中，十四碳稀酸含量变幅为 15.60%~27.21%，平均值为 20.15%；十四烷酸含量变幅为 60.93%~76.58%，平均值为 70.45 %；十四碳酸总含量变幅为 88.14%~92.82%，平均值为 90.60%；十六烷酸含量变幅为 1.95%~2.83%，平均值为 2.31%；十八碳二烯酸含量变幅为 0.83%~1.78%，平均值为 1.20%；十八碳烯酸含量变幅为 2.51%~5.55%，平均值为 3.95%；其余 12 种脂肪酸含量均不足 1%，9- 环丙壬酸含量极低，未测定相对含量。

十四碳烯酸和十四烷酸的含量呈此消彼长的态势，且消长量相当，以 39 株树的数据进行相关性分析，这两组数据呈极显著负相关（$P < 0.001$），相关系数为 −0.981 04（图 5-5）。总十八碳酸含量株间变幅为 3.59%~7.28%，平均值为 5.34%，变异较大。十八碳烯酸与十八烷酸的含量呈显著正相关（$P < 0.05$），相关系数为 0.640 19；十八烷酸、十八碳烯酸、十八碳二烯酸三者的含量表现为不同程度的正相关。总十四碳酸与总十六碳酸呈负相关，但不显著；总十六碳酸与总十八碳酸呈正相关，但不显著。总十四碳酸与总十八碳酸之和的株间变幅为 95.32%~96.76%，平均值为 95.94%，基本无差异；两者的变化此消彼长，呈极显著负相关 ($P < 0.001$)，相关系数为　0.984 53。

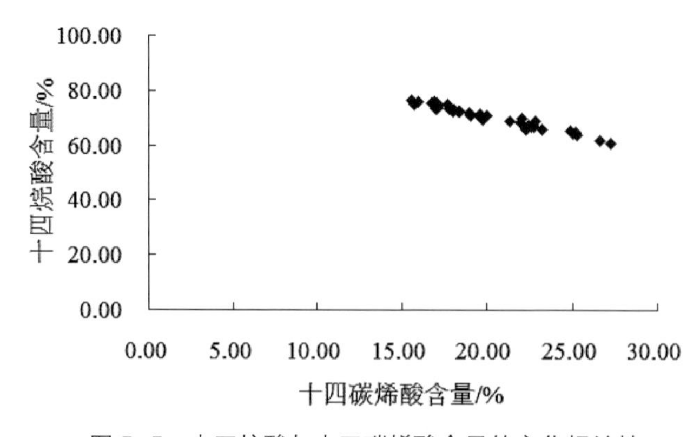

图 5–5　十四烷酸与十四碳烯酸含量的变化相关性

表 5-3　琴叶风吹楠种子油脂肪酸成分相对含量　/%

植株编号	20090301	20090303	20090304	20090308	20090309	20090310	20090402	20090403	20090404	20090405	20090406
癸酸	0.02	0.02	0.02	0.02	0.03	0.02	0.02	0.02	0.02	0.02	0.02
十二碳烯酸	0.07	0.03	0.05	0.05	0.06	0.05	0.04	0.04	0.02	0.06	0.01
十二烷酸（月桂酸）	0.60	0.46	0.49	0.55	0.64	0.87	0.53	0.49	0.62	0.66	0.52
十三碳烯酸	0.06	0.06	0.06	0.08	0.07	0.07	0.07	0.05	0.06	0.08	0.06
十三烷酸	0.05	0.06	0.05	0.05	0.04	0.11	0.04	0.04	0.06	0.04	0.04
十四碳烯酸	21.93	23.20	21.37	27.21	26.64	16.83	22.30	22.77	19.99	25.26	22.42
十四烷酸（肉豆蔻酸）	68.57	65.97	68.87	60.93	61.66	75.48	65.99	66.60	70.86	63.94	67.17
十四碳酸总量（上 2 类）	90.50	89.17	90.24	88.14	88.30	92.31	88.29	89.37	90.85	89.20	89.59
十五烷酸	0.03	0.04	0.04	0.02	0.02	0.04	0.03	0.03	0.04	0.03	0.03
十六碳烯酸	0.24	0.29	0.30	0.29	0.31	0.20	0.28	0.30	0.23	0.27	0.26
十六烷酸（棕榈酸）	2.37	2.64	2.70	2.08	2.30	1.95	2.26	2.59	2.22	2.24	2.22
十八碳二烯酸（亚油酸）	1.62	1.50	1.48	1.78	1.44	0.98	1.02	1.04	1.31	1.75	1.12
十八碳烯酸	3.36	4.77	3.51	5.24	5.55	2.71	5.51	4.95	3.60	4.63	5.14
十八烷酸（硬脂酸）	0.18	0.30	0.20	0.19	0.29	0.17	0.50	0.26	0.21	0.17	0.22
二十碳烯酸	0.34	0.41	0.36	0.81	0.68	0.33	0.59	0.53	0.42	0.57	0.59
二十烷酸	0.01	0.03	0.01	0.02	0.07	0.03	0.14	0.05	0.04	0.03	0.04
二十二烷酸	0.03	0.04	0.04	0.02	0.03	0.02	0.06	0.03	0.02	0.03	0.02
二十四烷酸	0.04	0.04	0.06	0.01	0.03	0.03	0.05	0.03	0.02	0.02	0.03

（续表）

植株编号	20090407	20090408	20090409	20090413	20090414	20090415	20090502	20090503	20090504	20090505	20090506
癸酸	0.03	0.02	0.02	0.02	0.02	0.02	0.02	0.02	0.01	0.02	0.02
十二碳烯酸	0.07	0.06	0.04	0.07	0.07	0.01	0.02	0.02	0.03	0.03	0.03
十二烷酸（月桂酸）	0.93	0.65	0.59	0.60	0.54	0.63	0.68	0.67	0.56	0.69	0.75
十三碳烯酸	0.06	0.06	0.07	0.07	0.06	0.06	0.05	0.06	0.06	0.08	0.06
十三烷酸	0.05	0.05	0.04	0.04	0.04	0.07	0.06	0.07	0.06	0.10	0.07
十四碳烯酸	19.80	22.08	25.00	25.18	24.91	16.98	17.10	17.12	17.78	17.10	16.90
十四烷酸（肉豆蔻酸）	69.45	69.90	64.44	64.82	65.08	73.45	73.58	74.81	73.48	75.44	75.92
十四碳酸总量（上 2 类）	89.25	91.98	89.44	90.00	89.99	90.43	90.68	91.93	91.26	92.54	92.82
十五烷酸	0.03	0.03	0.03	0.03	0.03	0.04	0.03	0.03	0.03	0.04	0.03
十六碳烯酸	0.22	0.26	0.25	0.28	0.29	0.23	0.20	0.21	0.21	0.19	0.18
十六烷酸（棕榈酸）	2.29	2.19	2.19	2.32	2.37	2.39	2.36	2.30	2.40	2.19	2.12
十八碳二烯酸（亚油酸）	1.56	0.91	1.38	1.13	1.15	1.20	1.43	0.99	1.09	1.10	0.98
十八碳烯酸	4.34	3.28	4.73	4.70	4.60	3.88	3.61	3.09	3.60	2.54	2.51
十八烷酸（硬脂酸）	0.22	0.14	0.24	0.15	0.15	0.20	0.21	0.14	0.15	0.10	0.10
二十碳烯酸	0.66	0.25	0.64	0.46	0.42	0.46	0.38	0.23	0.28	0.15	0.18
二十烷酸	0.06	0.02	0.07	0.03	0.02	0.04	0.03	0.01	0.02	0.01	0.01
二十二烷酸	0.03	0.02	0.03	0.02	0.02	0.03	0.02	0.02	0.02	0.01	0.01
二十四烷酸	0.03	0.02	0.03	0.03	0.03	0.03	0.03	0.02	0.02	0.02	0.02

（续表）

植株编号	20090507	20090508	20090509	20090510	20090511	20090512	20090513	20090601	20090602	20090603	20090604
癸酸	0.02	0.02	0.02	0.01	0.02	0.02	0.01	0.02	0.02	0.02	0.02
十二碳烯酸	0.02	0.04	0.02	0.02	0.02	0.02	0.02	0.04	0.04	0.02	0.02
十二烷酸（月桂酸）	0.60	0.70	0.65	0.62	0.58	0.64	0.56	0.78	0.71	0.59	0.57
十三碳烯酸	0.05	0.08	0.04	0.05	0.05	0.06	0.06	0.05	0.05	0.04	0.05
十三烷酸	0.07	0.10	0.06	0.06	0.06	0.07	0.07	0.06	0.05	0.05	0.07
十四碳烯酸	15.60	17.73	18.33	19.55	16.02	19.03	18.11	18.43	18.97	17.13	16.79
十四烷酸（肉豆蔻酸）	76.58	74.95	72.42	71.00	75.63	71.04	72.73	72.61	71.97	74.53	75.25
十四碳酸总量（上 2 类）	92.18	92.68	90.75	90.55	91.65	90.07	90.84	91.04	90.94	91.66	92.04
十五烷酸	0.03	0.04	0.03	0.03	0.03	0.04	0.03	0.03	0.03	0.03	0.04
十六碳烯酸	0.19	0.20	0.26	0.26	0.21	0.22	0.20	0.22	0.22	0.19	0.20
十六烷酸（棕榈酸）	2.40	2.16	2.57	2.30	2.33	2.17	2.16	2.11	2.20	2.21	2.32
十八碳二烯酸（亚油酸）	0.85	1.03	1.08	1.31	0.85	1.28	1.12	1.03	1.09	0.90	1.01
十八碳烯酸	3.00	2.54	3.83	4.11	3.47	4.21	3.80	3.72	3.94	3.54	3.55
十八烷酸（硬脂酸）	0.14	0.10	0.20	0.18	0.18	0.26	0.23	0.21	0.17	0.16	0.16
二十碳烯酸	0.22	0.16	0.33	0.42	0.32	0.64	0.55	0.44	0.36	0.42	0.41
二十烷酸	0.01	0.01	0.02	0.03	0.03	0.09	0.07	0.05	0.02	0.03	0.03
二十二烷酸	0.02	0.01	0.02	0.02	0.02	0.03	0.02	0.02	0.02	0.02	0.02
二十四烷酸	0.02	0.02	0.02	0.03	0.02	0.02	0.02	0.03	0.03	0.02	0.02

（续表）

植株编号	20090605	20100401	20100402	20100403	20100404	20100501	平均值	变异幅度
癸酸	0.02	0.02	0.02	0.02	0.02	0.02	0.02	0.01~0.03
十二碳烯酸	0.02	0.05	0.03	0.04	0.02	0.02	0.04	0.01~0.07
十二烷酸（月桂酸）	0.55	0.61	0.68	0.44	0.52	0.58	0.62	0.44~0.93
十三碳烯酸	0.09	0.06	0.05	0.05	0.04	0.05	0.06	0.04~0.09
十三烷酸	0.05	0.06	0.06	0.04	0.06	0.05	0.06	0.04~0.11
十四碳烯酸	18.07	22.87	19.64	22.63	15.71	21.36	20.15	15.60~27.21
十四烷酸（肉豆蔻酸）	72.28	68.67	71.33	66.69	74.78	68.72	70.45	60.93~76.58
十四碳酸总量（上 2 类）	90.35	91.54	90.97	89.32	90.49	90.08	90.60	88.14~92.82
十五烷酸	0.03	0.03	0.03	0.03	0.03	0.03	0.03	0.02~0.04
十六碳烯酸	0.22	0.3	0.24	0.29	0.29	0.25	0.24	0.18~0.31
十六烷酸（棕榈酸）	2.36	2.28	2.24	2.5	2.83	2.23	2.31	1.95~2.83
十八碳二烯酸（亚油酸）	1.16	1.19	1.15	1.55	0.83	1.24	1.20	0.83~1.78
十八碳烯酸	4.39	3.18	3.85	4.57	3.99	4.35	3.95	2.51~5.55
十八烷酸（硬脂酸）	0.17	0.21	0.19	0.22	0.34	0.24	0.20	0.10~0.50
二十碳烯酸	0.52	0.32	0.39	0.51	0.36	0.59	0.43	0.15~0.81
二十烷酸	0.03	0.02	0.02	0.04	0.04	0.06	0.04	0.01~0.14
二十二烷酸	0.02	0.03	0.02	0.03	0.03	0.03	0.02	0.01~0.06
二十四烷酸	0.02	0.02	0.03	0.03	0.03	0.03	0.03	0.01~0.06

5.6 小结

对琴叶风吹楠 39 株树的种子分析表明，种仁含油率变幅为 52.84%~71.09%，平均为 62.58%，含油率介于 60%~70% 之间的植株占 74.36%，种仁含油率的株间差异极显著（$P < 0.01$），这些结果与文献报道基本一致。油脂中共检测到 17 种常见脂肪酸，其中十四碳酸的相对含量占绝对优势，变幅为 88.14%~92.82%，其中十四烷酸占 60.93%~76.58%，十四碳烯酸占 15.60%~27.21%。十二碳酸含量为 0.48%~1.00%。脂肪酸成分和含量与文献报道的差异较大，主要表现在文献报道月桂酸（十二烷酸）含量 39.60%（李延辉，1980；云南省热带植物研究所，1973），而本研究中月桂酸含量不足 1%。

琴叶风吹楠种子脂肪酸成分相对含量在群体内表现出一定程度的变异，但是差异均不显著。其中，十四碳酸总含量为 88.14%~92.82%，具有高度稳定性。十四碳酸含量占绝对优势，可以作为化学分类学的重要指标之一。研究表明，二十碳以下的脂肪酸在碳链长度上与理想的生物柴油组分接近，是比较理想的生物柴油原料（顾子霞，2009），琴叶风吹楠可以作为生物能源原料植物的后备树种之一。

参考文献

傅立国 . 1991. 中国植物红皮书（第一册）[M]. 北京：科学出版社 .

顾子霞，吴宝成，吴林园，等 . 2009. 江苏 3 种大戟属野生植物总脂含量及脂肪酸组分分析 [J]. 林产化学与工业，29（4）：63-66.

李延辉，王惠英，李德厚，等 . 1980. 肉豆蔻科植物种子油的化学成分研究 [J]. 热带植物研究，（15）：21-23.

许玉兰，吴裕，易小泉，等 . 2011. 珍稀油料植物琴叶风吹楠种子性状及含油率的变异分析 [J]. 安徽农业科学，39（6）：3 426-3 428.

许玉兰，吴裕，张夸云，等 . 2010. 珍稀油料树种琴叶风吹楠种子含油量及脂肪酸成分分析 [J]. 贵州农业科学，38（7）：163-166.

云南省热带植物研究所（资源组、化学组）. 1973. 云南热区十四碳脂肪酸植物资源调查 [J]. 云南植物研究，（3）：9-15.

中国油脂植物编写委员会 . 1987. 中国油脂植物 [M]. 北京：科学出版社 .

中国植物志编辑委员会 . 1979. 中国植物志（第三十卷）[M]. 北京：科学出版社 .

西南林业大学实验室外景，2009

西南林业大学实验室内景，2009

第6章 琴叶风吹楠种子主要脂肪酸成分的消长规律

6.1 引言

第 5 章已经分析了琴叶风吹楠种子脂肪酸成分的群体变异式样，分析结果与文献报道差异太大。文献报道，云南野生琴叶风吹楠种子油的十二烷酸（12∶0）相对含量为 39.60%，十四烷酸（14∶0）为 52.20%；风吹楠（*Horsfieldia amygdalina*）的分别为 41.16% 和 49.29%；滇南风吹楠（*H. tetratepala*）的分别为 41.54% 和 39.09%（李延辉等，1980；云南省热带植物研究所，1973）。据第 5 章中的研究数据，琴叶风吹楠种子十四烷酸相对含量为 60.93%~76.58%，十二烷酸的不足 1%，但十四碳烯酸（14∶1）的为 15.60%~27.21%，这个结果与文献报道差异太大；据本课题组的研究结果，风吹楠和滇南风吹楠的主要脂肪酸相对含量与文献报道基本一致（胡永华，2010；许玉兰，2010；许玉兰，2012），将在以后章节分别讨论。两个物种的研究数据基本一致，而 1 个物种的研究数据相差甚远。

油脂的形成受遗传和环境共同作用，不同单株间的遗传差异以及居群间的综合性差异、年际间降水量差异和气温差异、种子成熟度差异、种子储藏时间的差异等都可能造成脂肪酸测定数据的差异。推测，导致差异如此悬殊的原因有两种可能：抽样误差或仪器误差。

种子油脂原料的来源归根结底还是光合作用的产物。油脂不溶于水或微溶于水，在树体内“长途”运输很不可能，所以油脂应该在储存器官内合成，琴叶风吹楠的油脂合成器官应该是种子，油脂形成的时间段主要集中在果实或种子趋近成熟的时期，脂肪酸的合成和分解都是一个动态的变化过程。

种内遗传多样性是导致研究结果差异的原因之一，但是从 2009 年测定 34 株树和 2010 年测定 5 株树的数据看，可以排除遗传差异的原因。所以本章主要分析同植株不同年份间和不同成熟度种子间的差异，结合群体变异数据，综合分析脂肪酸成分的消长规律，对化学分类学和种子采收利用都有一定意义。

6.2 研究方法

针对 5 株树（编号为 20090304、20090305、20090310、20090402、20090403），以假种皮顶端开始微红（假种皮是从顶端向底部逐渐变红）为第一阶段采摘果实，以后每 7d 采果一次，直到果实完全成熟，采摘果实人工剥出种子，保证种子不受伤害。针对 5 株树（编号为 20090308、20090310、20090402、20090403、20090511），于 2009、2010 和 2014 年分别从树下拾取自然成熟脱落的新鲜种子。对 3 株树（编号为 20090310、20090402、20090508）于 2009 年从树下拾取自然成熟脱落的新鲜种子，干燥后常温贮藏，于 2009 年 7 月、2009 年 11 月、2014 年 7 月和 2017 年 7 月测定脂肪酸含量。按第 5 章的方法进行干燥处理、油脂提取和脂肪酸测定。根据第 5 章的数据和本章的测定数据，只有十四碳酸、十六碳酸和十八碳酸的含量较高，其余脂肪酸的含量极低，因而下面以含量较高的这 3 类脂肪酸分析其变化规律。

6.3 琴叶风吹楠不同成熟度种子脂肪酸成分的变化

本研究从假种皮顶端开始微红为第一阶段采果，以后每 7d 采果一次，到果实完全成熟共采摘了 4 个阶段的果实，并对 5 株树的种子进行油脂测定。结果表明，第一阶段种子尚未成熟，假种皮为白色，种仁含油率为 39.17%~50.92%。从第二阶段到第四阶段（完全成熟）假种皮已变为红色，种仁含油率变化不明显，但是比第一阶段的含油率显著增加（$P < 0.01$），第四阶段与第一阶段相比含油率增加量为 8.44%~18.36%。随着假种皮逐渐变红，种子也趋近成熟，油脂合成总量已基本达到高峰。

脂肪酸测定结果表明（表 6-1），第一阶段采种时，有 4 株树的种子成熟度基本一致，十四碳烯酸相对含量为 22.12%~28.61%，十四烷酸为 62.31%~67.27%，十四碳酸总含量为 85.40%~89.99%；第四阶段采种时，十四碳烯酸相对含

表 6-1　琴叶风吹楠相同植株不同成熟度种子脂肪酸成分含量 /%

脂肪酸成分	20090402				20090403				20090310		20090304		20090305
	（1）	（2）	（3）	（4）	（1）	（2）	（3）	（4）	（1）	（4）	（1）	（4）	（1）
癸酸（10：0）	0.02	0.02	0.02	0.02	0.02	0.02	0.02	0.02	0.02	0.02	0.02	0.02	0.03
十二碳烯酸（12：1）	0.06	0.04	0.04	0.04	0.05	0.04	0.03	0.03	0.06	0.07	0.05	0.05	0.16
十二烷酸（12：0）	0.58	0.46	0.58	0.60	0.50	0.55	0.47	0.53	0.35	0.60	0.55	0.39	0.49
十三碳烯酸（13：1）	0.06	0.07	0.06	0.06	0.07	0.05	0.05	0.05	0.06	0.06	0.06	0.06	0.08
十三烷酸（13：0）	0.04	0.03	0.04	0.05	0.03	0.04	0.04	0.05	0.03	0.05	0.04	0.05	0.01
十四碳烯酸（14：1）	22.12	23.27	21.30	19.69	26.15	20.45	20.59	18.63	28.61	21.93	22.72	21.37	36.64
十四烷酸（14：0）	65.63	64.01	66.78	69.18	62.31	69.93	69.11	71.38	56.79	68.57	67.27	68.87	46.10
十四碳酸总量（上 2 类）	87.75	87.28	88.08	88.87	88.46	90.38	89.7	90.01	85.4	90.5	89.99	90.24	82.74
十五烷酸（15：0）	0.02	0.03	0.03	0.03	0.03	0.03	0.03	0.03	0.04	0.03	0.04	0.04	0.03
十六碳烯酸（16：1）	0.32	0.32	0.31	0.29	0.30	0.25	0.30	0.25	0.49	0.24	0.35	0.30	0.41
十六烷酸（16：0）	3.03	3.05	2.94	2.95	2.53	2.49	2.78	2.64	3.46	2.37	2.77	2.70	2.68
十八碳二烯酸（18：2）	1.04	1.03	0.99	0.85	1.24	0.95	1.01	0.97	1.91	1.62	1.28	1.48	2.64
十八碳烯酸（18：1）	5.73	6.13	5.63	5.14	5.74	4.39	4.76	4.47	6.98	3.36	3.98	3.51	8.36
十八烷酸（18：0）	0.45	0.58	0.45	0.37	0.3	0.21	0.23	0.24	0.34	0.18	0.24	0.20	0.27
二十碳烯酸（20：1）	0.48	0.57	0.49	0.40	0.53	0.41	0.37	0.46	0.55	0.34	0.32	0.36	1.04
二十烷酸（20：0）	0.08	0.11	0.07	0.06	0.05	0.03	0.03	0.04	0.04	0.01	0.02	0.01	0.08
二十二烷酸（22：0）	0.06	0.06	0.05	0.05	0.03	0.02	0.02	0.02	0.05	0.03	0.03	0.04	0.05
二十四烷酸（24：0）	0.07	0.06	0.06	0.04	0.02	0.02	0.02	0.02	0.07	0.04	0.04	0.06	0.12

注：由于天气原因，部分种子样品未采集到；（1）未成熟，（2）接近成熟，（3）接近成熟，（4）完全成熟。

量为18.63%~21.93%，十四烷酸为68.57%~71.38%，十四碳酸总含量为88.87%~90.24%；第二阶段与第三阶段相比，测定数据相似，介于第一阶段和第四阶段之间。分析含油率和十四碳酸总含量的数据表明，随着假种皮逐渐变红，十四碳酸的碳链合成已基本完成。第二阶段与第三阶段测定数据相似，主要因为种子成熟期较短（约20d），此期间两次采集种子的成熟度差异不大，所以将第二阶段和第三阶段采摘的种子判定为接近成熟（表6-1）。另外，20090305号第一阶段采种时，其种子比另外4株树的种子更嫩，测定结果十四碳烯酸为36.64%，十四烷酸为46.10%，十四碳酸总量为82.74%，符合脂肪酸含量的变化规律，可惜没有采集到该株的成熟种子。

根据表6-1的数据，随着种子逐渐成熟，十四碳烯酸含量规律性下降，而十四烷酸含量规律性递增，两者增减量相差不大，也就是十四碳烯酸正不断转化为十四烷酸；十四碳酸总含量呈逐渐增加的趋势，但变化不大；十八碳二烯酸和十八碳烯酸的含量呈下降趋势，但十八烷酸的含量未见增加，十八碳酸的总量逐渐下降。十四碳酸含量与十八碳酸含量呈此消彼长的态势，且消长量相当。

据报道，随着种子成熟，花生（*Arachis hypogaea*）含油率增加，主要脂肪酸为油酸（18∶1）和亚油酸（18∶2），两者总含量约占80%（李晓丹，2009；李兰，2012）；越南安息香（*Styrax tonkinensis*）种仁脂肪酸主要为亚油酸（18∶2），其次为油酸（18∶1），十八碳酸总含量为88%以上（石从广，2013）；麻疯树（*Jatropha curcas*）种仁脂肪酸主要为亚油酸，其次为油酸，十八碳酸总含量为80%以上（陈姹月，2012）。随着种子成熟，其他脂肪酸逐渐转化为相对稳定的不饱和脂肪酸，既贮藏更多能量，又保持化学稳定，这是许多植物种子的脂肪酸成分变化规律；琴叶风吹楠以十四烷酸为主，保存一定量的十四碳烯酸，以维持化学稳定性。

有研究表明，脂肪酸合成途径是先生成饱和脂肪酸，然后在去饱和酶的作用下形成烯酸，以贮存更多的能量，去饱和酶的活性除了受植物自身基因表达调控外还可能受环境的影响（戴晓峰，2007）。琴叶风吹楠种子在成熟过程中，十四碳烯酸不断转化为十四烷酸，是一种释放能量的过程，这种“反方向”转化的机理有待研究。

研究数据表明，十四碳酸含量增加的同时，十八碳酸的含量下降。形成这种数据差异的原因可能有两个：一种可能是十四碳酸不断合成，绝对含量升高，从而降低了十八碳酸的相对含量；另一种可能是十八碳酸在分解，十四碳酸在合成，但是本研究没有测定中间产物，没有直接证据，还有待研究。

6.4 琴叶风吹楠种子脂肪酸成分在不同年份间的变化

将 5 株树于 2009、2010 和 2014 年采集的种子测定结果统计于表 6-2。结果表明，5 株树的种子十四碳酸含量年际间的变幅为 86.06%~92.31%，同株的年际差异为 1.49%~4.26%，差异极小，在年际间具有良好的稳定性；5 株树年际间十四碳烯酸的变化量为 1.32%~9.19%，十四烷酸为 1.77%~8.44%，十四碳烯酸与十四烷酸含量呈此消彼长的态势，且消长量差异不大。说明气候环境对总十四碳酸相对含量的影响较小，但是明显影响十四碳烯酸向十四烷酸转化的程度。十六碳酸含量年际间变幅为 2.15%~2.98%，同株的年际差异为 0.09%~0.48%。十八碳酸含量年际间变幅为 3.86%~7.21%，同株的年际差异为 1.21%~1.70%。同株树种子各脂肪酸含量的年际差异极小，具有良好的稳定性。5 株树的株间差异大于同株的年际差异，说明脂肪酸成分的相对含量主要由植株本身遗传因素和地域环境所决定，不同年份间的气候差异会有少量的影响。

结合第 5 章的数据，39 株树成熟种子十四碳酸的总含量株间变幅为 88.14%~92.82%，平均值为 90.60%，变化极小，十四碳烯酸和十四烷酸的含量此消彼长，且消长量相当，这两组数据呈极显著负相关（$P < 0.001$），相关系数为 −0.98104。同株树不同年份间以及同一年份不同单株间，十四碳酸总含量具有高度稳定性，只是十四碳烯酸向十四烷酸转化的程度不一致，这可能与地域环境以及年际间降水和气温等差异导致植物内源激素的变化有关，至于是什么原因影响其转化程度还有待进一步研究。

6.5 琴叶风吹楠干种子在贮藏过程中脂肪酸成分的变化

选择 3 个地点 3 株树（20090310、20090402、20090508）于 2009 年采收种子，干燥处理后，室温通风干燥环境下贮藏，分别于 2009 年 7 月、2009 年 11 月、2014 年 7 月、2017 年 7 月测定其脂肪酸成分及含量。测定结果列于表 6-3。根据表 6-3 的数据，再结合气相色谱图和总离子流图的判别，种子贮藏了 8 年，脂肪酸成分同样是原有的 17 种。

贮藏 5 年时，样本 20090508 的十四碳烯酸下降量为 2.8%，十四烷酸增加

表 6-2　琴叶风吹楠同株不同年份的种子脂肪酸成分及含量

/%

脂肪酸成分	20090308			20090310			20090402			20090403			20090511		
	2009	2010	2014	2009	2010	2014	2009	2010	2014	2009	2010	2014	2009	2010	2014
癸酸（10：0）	0.02	0.02	0.11	0.02	0.02	0.02	0.02	0.02	0.03	0.02	0.02	0.01	0.02	0.02	0.01
十二碳烯酸（12：1）	0.05	0.06	0.03	0.05	0.03	0.07	0.04	0.04	0.05	0.04	0.03	0.03	0.02	0.04	0.04
十二烷酸（12：0）	0.55	0.78	4.38	0.87	0.64	0.62	0.53	0.56	1.16	0.49	0.53	0.43	0.58	0.71	0.62
十三碳烯酸（13：1）	0.08	0.08	0.05	0.07	0.05	0.06	0.07	0.06	0.06	0.05	0.05	0.05	0.05	0.05	0.06
十三烷酸（13：0）	0.05	0.06	0.07	0.11	0.06	0.05	0.04	0.04	0.04	0.04	0.05	0.04	0.06	0.05	0.05
十四碳烯酸（14：1）	27.21	22.65	18.02	16.83	18.41	23.78	22.3	20.98	21.21	22.77	18.63	19.61	16.02	18.51	22.29
十四烷酸（14：0）	60.93	67.67	68.04	75.48	73.09	67.04	65.99	67.76	66.01	66.6	71.38	68.88	75.63	73.38	67.99
十四碳酸总量（上 2 类）	88.14	90.32	86.06	92.31	91.50	90.82	88.29	88.74	87.22	89.37	90.01	88.49	91.65	91.89	90.28
十五烷酸（15：0）	0.02	0.03	0.03	0.04	0.03	0.03	0.03	0.03	0.03	0.03	0.03	0.03	0.03	0.03	0.03
十六碳烯酸（16：1）	0.29	0.24	0.23	0.20	0.25	0.29	0.28	0.27	0.24	0.30	0.25	0.27	0.21	0.21	0.25
十六烷酸（16：0）	2.08	2.22	2.43	1.95	2.38	2.14	2.26	2.67	2.58	2.59	2.64	2.71	2.33	2.35	2.33
十八碳二烯酸（18：2）	1.78	1.45	1.34	0.98	1.07	1.43	1.02	0.96	1.21	1.04	0.97	1.05	0.85	1.02	1.49
十八碳烯酸（18：1）	5.24	3.90	4.01	2.71	3.24	3.51	5.51	5.35	5.39	4.95	4.47	5.52	3.47	2.93	3.74
十八烷酸（18：0）	0.19	0.16	0.22	0.17	0.24	0.15	0.50	0.40	0.49	0.26	0.24	0.32	0.18	0.16	0.16
二十碳烯酸（20：1）	0.81	0.51	0.53	0.33	0.27	0.38	0.59	0.54	0.80	0.53	0.46	0.59	0.32	0.27	0.47
二十烷酸（20：0）	0.02	0.02	0.03	0.03	0.03	0.02	0.14	0.07	0.16	0.05	0.04	0.07	0.03	0.02	0.02
二十二烷酸（22：0）	0.02	0.02	0.03	0.02	0.03	0.02	0.06	0.05	0.07	0.03	0.02	0.04	0.02	0.02	0.03
二十四烷酸（24：0）	0.01	0.02	0.02	0.03	0.04	0.02	0.05	0.04	0.06	0.03	0.02	0.04	0.02	0.02	0.03

表 6-3　贮藏不同时间琴叶风吹楠种子的脂肪酸成分及含量

/%

脂肪酸成分	20090310				20090402				20090508		
	(1)	(2)	(3)	(4)	(1)	(2)	(3)	(4)	(1)	(2)	(3)
癸酸（10：0）	0.02	0.02	0.02	/	0.02	0.02	0.01	/	0.02	0.02	0.01
十二碳烯酸（12：1）	0.05	0.04	0.03	/	0.04	0.05	0.04	/	0.04	0.04	0.03
十二烷酸（12：0）	0.87	0.69	0.73	0.74	0.53	0.49	0.39	0.49	0.70	0.77	0.80
十三碳烯酸（13：1）	0.07	0.07	0.06	/	0.07	0.09	0.06	/	0.08	0.07	0.05
十三烷酸（13：0）	0.11	0.07	0.08	0.11	0.04	0.04	0.03	0.04	0.10	0.08	0.06
十四碳烯酸（14：1）	16.83	23.65	17.28	22.08	22.30	26.99	21.85	19.28	17.73	19.23	14.93
十四烷酸（14：0）	75.48	66.90	73.47	68.88	65.99	57.54	65.62	70.33	74.95	72.50	77.23
十四碳酸总量（上 2 类）	92.31	90.55	90.75	90.96	88.29	84.53	87.47	89.61	92.68	91.73	92.16
十五烷酸（15：0）	0.04	0.03	0.03	0.04	0.03	0.03	0.03	0.03	0.04	0.03	0.03
十六碳烯酸（16：1）	0.20	0.27	0.23	0.28	0.28	0.36	0.29	0.23	0.20	0.24	0.17
十六烷酸（16：0）	1.95	2.17	2.18	2.11	2.26	3.00	2.93	2.55	2.16	2.27	2.21
十八碳二烯酸（18：2）	0.98	1.43	1.10	1.19	1.02	1.33	1.06	0.90	1.03	1.08	0.82
十八碳烯酸（18：1）	2.71	3.72	3.65	3.58	5.51	7.81	5.89	4.68	2.54	2.88	2.50
十八烷酸（18：0）	0.17	0.16	0.20	0.16	0.50	0.63	0.54	0.44	0.10	0.12	0.12
二十碳烯酸（20：1）	0.33	0.44	0.40	0.33	0.59	0.86	0.66	0.51	0.16	0.25	0.21
二十烷酸（20：0）	0.03	0.02	0.04	0.02	0.14	0.17	0.13	0.12	0.01	0.02	0.01
二十二烷酸（22：0）	0.02	0.03	0.02	0.01	0.06	0.09	0.06	0.05	0.01	0.01	0.01
二十四烷酸（24：0）	0.03	0.03	0.03	0.02	0.05	0.08	0.05	0.03	0.02	0.04	0.03

注：（1）2009 年 7 月测定；（2）2009 年 11 月测定；（3）2014 年 7 月测定；（4）2017 年 7 月测定；“/” 表示未测到相对含量值。

量为 2.28%，另外两份样本变化量甚微；十四碳酸总含量普遍下降，下降量为 0.52%~1.56%。由于十四碳烯酸和十四烷酸含量占绝对优势，因而这种变化量可以忽略不计。十六碳酸总含量普遍增加，增加量为 0.02%~0.68%；十八碳酸总含量在样本 20090508 中下降量为 0.23%，而在样本 20090310 和 20090402 中增加量为 1.09% 和 0.46%；其余脂肪酸含量极低，数据变化不明显。十四碳烯酸、十四烷酸、十六烷酸和十八碳烯酸总含量为 96.06%~97.38%。

于 2017 年 7 月（贮藏 8 年）测定了 20090310 和 20090402 的种子油脂，虽然每种脂肪酸成分相对含量都有所变化，总体上看，还是保持了良好的稳定性。

在种子贮藏 4 个月时（2009 年 11 月），十四烷酸的含量明显减少，十四碳烯酸和十八碳烯酸含量却明显增加（蔡年辉，2011）。分析原始数据发现（表 6-3），十四烷酸下降量为 2.45%~8.58%，十四碳烯酸增加量为 1.5%~6.82%，十四碳酸总下降量为 0.95%~3.76%；十六碳酸总增加量为 0.14%~0.82%；十八碳酸总增加量为 1.41%~2.74%；十四碳烯酸、十四烷酸、十六烷酸和十八碳烯酸总含量为 95.34%~97.38%。

结合 4 次测定数据看，十四碳酸总含量基本保持不变，而十四碳烯酸和十四烷酸的含量差异很可能由于种子抽样误差和测定误差导致。总体上看，琴叶风吹楠种子在贮藏过程中，脂肪酸成分和相对含量保持了良好的稳定性。至于贮藏 4 个月时，十四烷酸明显减少而十四碳烯酸明显增加的原因需要进一步研究。

6.6 小结与讨论

本研究表明，琴叶风吹楠假种皮为白色是种子未成熟的标志，此时种仁含油率极显著低于成熟种子的含油率（$P < 0.01$）；随着假种皮逐渐变红，种子趋近成熟，油脂积累量已达到高峰，一直到种子完全成熟，含油率基本保持稳定。但是，在种子逐渐成熟的过程中，脂肪酸含量发生了规律性的变化。

在种子成熟过程中，十四碳烯酸不断转化为十四烷酸，但是在同株树年际间和群体内单株间的转化程度不一致。在种子贮藏（8 年）过程中，各脂肪酸成分相对含量保持了高度稳定性。另外，在研究过程中，以乙醚为溶剂或者以沸程为 30~60℃和 60~90℃的两种石油醚为溶剂所提取的油脂成分和相对含量无差异。

据前人的研究报道，琴叶风吹楠种子油的十二烷酸相对含量为 39.60%，十四烷酸为 52.20%，未检出十四碳烯酸（李延辉，1980；云南省热带植物研究所，1973）。本研究的所有样品中十二烷酸含量均低于 1%，而十四碳烯酸含量均在 15% 以上，十四烷酸含量基本一致。针对这种差异，第 5 章群体变异式样的数据可以排除遗传多样性的原因，本章研究数据可以排除种子成熟度差异、年际差异、贮藏时间差异和溶剂差异等原因。总之，导致这种差异的原因不是来自抽样误差。本研究中，脂肪酸成分测定由中国科学院昆明植物研究所测试中心完成，而且是多样品多年份的测定，我们应承认其测定结果的可靠性。前人的研究时间是 20 世纪 70 年代，可能仪器不够精密而导致脂肪酸成分判别错误是真正的原因。

同一株树的种子不是同时成熟，即同一阶段采集的种子存在成熟度差异，所以每个阶段测定的数据只能算是良好的近似值，反映共同的变化趋势。另外，分阶段采集种子，同一时间测定成分，贮藏时间有长短差异。种子贮藏 4 个月后，十四碳酸含量下降 0.95%~3.76%，十四碳烯酸含量升高 1.50%~6.82%，十四烷酸含量下降 2.45%~8.58%；第一阶段采集种子时间与第四阶段的时间相差 20 天左右，假设含量是匀速变化，20 d 的变化量应分别为 0.16%~0.63%，0.25%~1.14%，0.41%~1.43%，这远远小于第一阶段到第四阶段的测定变化量。所以本研究中，不同成熟度种子测定值能反映琴叶风吹楠种子脂肪酸成分变化的客观规律。第一阶段的种子虽然未成熟，但已即将成熟，至于更嫩种子的脂肪酸成分没有测定。

参考文献

蔡年辉，许玉兰，吴裕，等 . 2011. 贮藏对琴叶风吹楠脂肪酸含量及成分的影响［J］. 中南林业科技大学学报，31（11）：85-89.

陈姹月，唐琳，陈放 . 2012. 7 种木本植物油理化性质及其生物柴油脂肪酸组成的比较研究［J］. 西南师范大学学报：自然科学版，37（12）：88-92.

戴晓峰，肖玲，武玉花，等 . 2007. 植物脂肪酸去饱和酶及其编码基因研究进展［J］. 植物学通报，24（1）：105-113.

胡永华，吴裕，许玉兰，等 . 2010. 风吹楠种子油的脂肪酸成分分析［J］. 热带农业科技，33（4），27-28.

李兰，彭振英，陈高，等 . 2012. 花生种子发育过程中脂肪酸积累规律的研究［J］.

华北农学报，27（1）：173-177.
李晓丹，曹应龙，胡亚平，等. 2009. 花生种子发育过程中脂肪酸累积模式研究［J］. 中国油料作物学报，31（2）：157-162.
李延辉，王惠英，李德厚，等. 1980. 肉豆蔻科植物种子油的化学成分研究［J］. 热带植物研究，（15）：21-23.
石从广，李因刚，朱光权，等. 2013. 白花树种子成熟期含油率和脂肪酸变化规律［J］. 浙江农林大学学报，30（3）：372-378.
许玉兰，蔡年辉，吴裕，等. 2012. 几种风吹楠属植物脂肪酸成分分析［J］. 中国油脂，37（5）：80-82.
许玉兰，吴裕，杨晓玲，等. 2010. 滇南风吹楠种子油脂的提取及脂肪酸成分分析［J］. 安徽农业科学，38（8）：3 993，3 999.
云南省热带植物研究所（资源组、化学组）. 1973. 云南热区十四碳脂肪酸植物资源调查［J］. 云南植物研究，（3）：9-15.

第7章 琴叶风吹楠群体遗传结构

7.1 引言

对珍稀濒危植物遗传多样性的研究是了解其濒危机制的基础（Joshi，2000），在保护濒危植物种群数量的同时，还需保护其遗传多样性以及进化潜力，根据遗传基础制定科学合理的保护措施，因此，应对珍稀濒危植物进行居群遗传多样性特征及遗传结构的研究。目前，人们利用分子生物学手段如 AFLP、SSR、核基因、叶绿体基因片段等对濒危植物进行保护遗传学研究（王燕，2004；李辛雷，2012；慈秀芹，2007；管毕财，2008），在探明这些濒危植物遗传多样性的基础上，提出了科学合理的保护措施。

本课题组曾经通过 AFLP 标记方法进行系统分类处理（吴裕，2015），也开展了琴叶风吹楠叶绿体基因组测序（Mao，2019），然而云南野生琴叶风吹楠呈点状分布，居群极小，野生资源量小，可采样本数少，致使群体遗传多样性的空间分布研究困难重重。本章对自然分布的 8 个小居群进行采样 56 份，通过 AFLP 标记技术，以居群为单位进行分析。

7.2 研究方法

本次研究从云南省西双版纳州景洪市、勐腊县、临沧市双江县共 8 个居群采集了琴叶风吹楠 56 株树的嫩叶或者嫩树皮，液氮保存（采样点基本信息列于表 7-1）。

表 7-1　琴叶风吹楠 8 个居群基本信息

居群名称（代码）	经度	纬度	海拔 /m
双江（SJ）	99° 46.956′ ~99° 53.337′	23° 12.521′ ~23° 15.724′	868~1 038
纳板河（NBH）	100° 36.369′ ~100° 39.304′	22° 02.081′ ~22° 14.707′	900~950
森林公园（SL）	100° 53.189′ ~100° 53.201′	22° 02.081′ ~22° 02.099′	749~800
勐仑（ML）	101° 00.000′ ~101° 14.810′	21° 54.000′ ~22° 00.000′	774~1 114
补蚌（BB)	101° 34.710′ ~101° 35.301′	21° 37.513′ ~21° 37.712′	685~788
望天树（WTS）	101° 34.916′ ~101° 35.318′	21° 37.513′ ~21° 37.711′	685~787
勐伴（MB）	101° 36.060′ ~101° 36.070′	21° 50.820′ ~21° 50.840′	1 110~1 120
回燕竜（HYL）	101° 34.000′ ~101° 36.000′	21° 35.000′ ~21° 36.000′	650~750

用 QIAGEN 试剂盒改良法提取实验材料基因组 DNA，用 NanoDrop 2000 超微量分光光度计测定 DNA 浓度及 OD 值，质量合格的 DNA 样品送生工生物工程（上海）股份有限公司进行荧光 AFLP 实验，实验结束后返回 0/1 数据矩阵。返回的数据进行人工校对后用 POPGENE version 1.32 软件计算多态性位点数和多态性条带；观测等位基因数，有效等位基因数，*Nei's* 基因分化值，香农信息指数，遗传一致度等参数。基于 popgene 计算得到的遗传一致度数据，用 NTSYSpc-2.10e 软件的 Clustering 中 SAHN 程序对 8 个琴叶风吹楠居群进行 UPGMA 聚类。用"经纬度计算距离软件"将各居群的经纬度换算成地理距离，用 TFPGA1.3 软件进行 mantel 相关性检验。Winamova 软件进行 AMOVA 分析。

7.3　琴叶风吹楠荧光 AFLP 扩增多态性

用 QIAGEN 试剂盒改良法提取的 56 份琴叶风吹楠基因组 DNA 能够满足本实验要求。将 DNA 送生工生物工程（上海）股份有限公司进行荧光 AFLP 实验，从 64 份引物组合中选出 6 对多态性引物，分别为 H-AAC/M-CAG、H-ACA/M-CTC、H-ACG/M-CAA、H-AAC/M-CAC、H-AGC/M-CAG、H-AGG/M-CAA。6 对引物共扩增出 1 296 条带，平均多态性条带 162 条，多态性率 75.16%。每对引物扩增结果见表 7-2。

表 7-2　琴叶风吹楠 6 对引物扩增结果

	H-AAC/M-CAG	H-ACA/M-CTC	H-ACG/M-CAA	H-AAC/M-CAC	H-AGC/M-CAG	H-AGG/M-CAA	平均
多态性位点数 / 条	145	145	171	168	180	165	162
多态性率（*PPB*/%）	67.13	67.13	79.17	77.78	83.33	76.39	75.16

7.4　琴叶风吹楠居群遗传多样性

用 POPGENE version1.32 软件进行 8 个居群各遗传参数的计算，结果列于表 7-3。从表 7-3 可以看出，琴叶风吹楠居群内的等位基因观察值 *Na* 变化范围为 1.217 2~1.532 5，等位基因期望值 *Ne* 变化范围为 1.044 9~1.248 9，*Nei's* 多样性指数 H 变化范围为 0.073 7~0.151 9，香浓信息指数 *I* 变化范围为 0.112 0~0.236 1。各居群扩增的多态性条带百分率为纳板河居群（NBH）最大，双江居群（SJ）最小。其余各遗传参数的结果和多态性条带百分率显示结果一致，均为纳板河居群（NBH）最高，双江居群（SJ）最低。纳板河居群采样株的株间距离最大，而且分布于两个沟谷中；双江居群最小，且只分布于一个沟谷。

表 7-3　琴叶风吹楠居群遗传多样性

居 群	观测等位基因数（*Na*）	有效等位基因数（*Ne*）	*Nei's* 多样性指数（*H*）	Shannon 多样性指数（*I*）	多态位点数（*Np*）	多态位点百分率（*PPB*）
双江（SJ）	1.22	1.12	0.07	0.11	60	21.72%
纳板河（NBH）	1.53	1.25	0.15	0.24	148	53.25%
森林公园（SL）	1.40	1.21	0.13	0.19	112	40.31%
勐仑（ML）	1.48	1.04	0.13	0.20	133	47.96%
补蚌（BB)	1.24	1.13	0.08	0.12	68	24.43%
望天树（WTS）	1.35	1.18	0.11	0.16	96	34.78%
勐伴（MB）	1.33	1.20	0.12	0.18	91	32.91%
回燕竜（HYL）	1.34	1.20	0.12	0.18	95	34.30%
总　体	1.75	1.24	0.15	0.24	100	36.20%

7.5 琴叶风吹楠群体遗传结构

将琴叶风吹楠居群间的遗传分化数据列于表 7-4。从表 7-4 可以看出，琴叶风吹楠各遗传参数在各引物组合中的表现不同，总遗传多样性（*Ht*）变化范围为 0.124 2~0.184 1，居群内遗传多样性（*Hs*）变化范围为 0.096 2~0.123 3，居群间遗传分化系数（*Gst*）变化范围为 0.175 4~0.386 6，居群间遗传多样性（*Dst*）变化范围为 0.026 2~0.071 2，其平均 *Ht*、*Hs*、*Gst*、*Dst* 分别为 0.149 5、0.112 8、0.238 6、0.036 7；物种水平的 *Ht*、*Hs*、*Gst*、*Dst* 分别为 0.140 6、0.102 8、0.226 5、0.030 6。对居群间及居群内的遗传变异占总变异的百分率进行分析显示，居群内的遗传变异占总变异的 75.45%，居群间的遗传变异占总变异的 24.54%，说明琴叶风吹楠的遗传变异主要存在于居群内。从表 7-4 数据可以看出，不同引物组合得到的基因流（*Nm*）不同，其变化范围为 1.350 8~1.933 0，变化幅度不大。在物种水平，基因流为 1.707 5。

通过对琴叶风吹楠所有样本的 AFLP 数据进行 AMOVA 分析表明：琴叶风吹楠居群间的遗传差异达到极显著水平（$P<0.001$），居群内的遗传变异为 94.26%，居群间的遗传变异为 5.74%，物种遗传变异主要来自于群体内，这和 *Nei's* 基因多样性、多态性条带、Shannon 信息指数分析结果一致。

表 7-4 琴叶风吹楠遗传结构

引物组合	总遗传多样性（*Ht*）	居群内遗传多样性（*Hs*）	居群间遗传分化系数（*Gst*）	居群间遗传多样性（*Dst*）	基因流（*Nm*）
H-AAC/M-CAG	0.1529	0.1204	0.2127	0.0325	1.8503
H-ACA/M-CTC	0.1242	0.0962	0.2260	0.0281	1.7127
H-ACG/M-CAA	0.1841	0.1129	0.3866	0.0712	1.7933
H-AAC/M-CAC	0.1496	0.1233	0.1754	0.0262	1.3508
H-AGC/M-CAG	0.1581	0.1225	0.2254	0.0356	1.7180
H-AGG/M-CAA	0.1280	0.1017	0.2055	0.0263	1.9330
各对引物平均	0.1495	0.1128	0.2386	0.0367	1.5955
物种水平	0.1406	0.1013	0.2265	0.0393	1.7075

7.6 琴叶风吹楠居群间遗传距离

通过 NTSYS 软件计算琴叶风吹楠居群间的遗传距离及遗传一致度，结果列于表 7-5。表 7-5 显示，琴叶风吹楠居群间的遗传距离在 0.019 6~0.099 7，纳板河（NBH）居群与森林公园（SL）居群的遗传距离最低为 0.019 6，望天树（WTS）居群与双江（SJ）居群的遗传距离最高为 0.099 7。琴叶风吹楠的遗传一致度在 0.909 4~0.980 7，纳板河（NBH）居群与森林公园（SL）居群的遗传一致度最高为 0.980 7，望天树（WTS）居群与双江（SJ）居群的遗传一致度最低为 0.909 4。根据表 7-1 列出的居群的经纬度用“经纬度计算距离软件”换算成地理距离。将得到的地理距离与遗传距离进行 mantel 相关性检验，结果显示地理距离和遗传距离之间存在一定相关性（r=0.119 7，P=0.321 0），但相关性不显著。

表 7-5　共 8 个居群的 *Nei's* 遗传一致度（右上角）及遗传距离（左下角）

居群	SJ	NBH	SL	ML	BB	WTS	MB	HYL
SJ	—	0.9403	0.9388	0.9539	0.9661	0.9094	0.9381	0.9515
NBH	0.0617	—	0.9807	0.977	0.956	0.9472	0.9731	0.9665
SL	0.0633	0.0196	—	0.9738	0.9531	0.9369	0.9673	0.9637
ML	0.0474	0.0234	0.0265	—	0.9647	0.9429	0.9729	0.9701
BB	0.0346	0.0451	0.0481	0.036	—	0.9203	0.9508	0.9556
WTS	0.0997	0.0567	0.0689	0.0615	0.088	—	0.9356	0.9265
MB	0.064	0.0272	0.0332	0.0275	0.0504	0.0689	—	0.9601
HYL	0.0498	0.0341	0.037	0.0303	0.0455	0.0795	0.0408	—

7.7 琴叶风吹楠居群聚类分析

将琴叶风吹楠居群的 UPGMA 聚类结果列于图 7-1，当遗传相似性系数在 0.951 左右时，琴叶风吹楠居群被分为 3 大支。首先，地理距离较近的森林公园（SL）和纳板河（NBH）居群聚在一起，勐仑（ML）、勐伴（MB）和回燕竜（HYL）3 个居群地理距离较近，再与森林公园和纳板河聚在一起形成第 Ⅰ 支，双江（SJ）和补蚌（BB）地理距离较远，但遗传距离较近，两居群聚在一起形成第Ⅱ支，最后是望天树（WTS）居群单独出来形成第Ⅲ支。

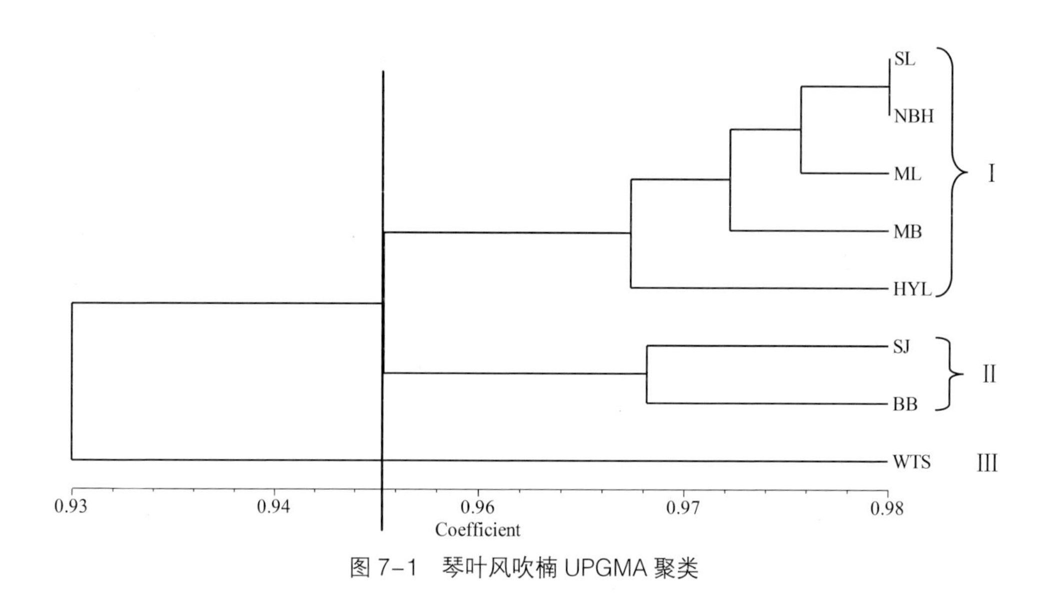

图 7-1　琴叶风吹楠 UPGMA 聚类

7.8　小结

木研究采用 6 对引物共扩增得到 1 296 条带，平均每对引物扩增的多样性位点为 162，在物种水平的平均多态性率（*PPB*）为 75.16%，表明琴叶风吹楠具有丰富的遗传多样性；在居群水平的平均多态性位点为 100，平均多态性率为 36.20%，与物种水平的遗传多样性相比，呈下降趋势。推测琴叶风吹楠在远古时期，其祖先在云南地区可能成连续分布，且分布范围广泛，遗传多样性丰富，但受到云贵高原隆起影响，其分布范围逐渐缩小，分布区片段化，居群内种群数量逐渐减少，即使祖先具有丰富的遗传多样性，由于分布区域的片段化，居群规模不断缩小，这必定会导致遗传漂变，其直接后果就是居群内遗传变异下降。同时后代成活数量的差异也是导致有效居群大小下降的原因之一（刘占林，1999）。

基因的相互交流可引起居群内的遗传变异增加，减少居群间的分化（Whitlock，1999；Lenormand，1998）。遗传结构分析表明，琴叶风吹楠物种的基因流（*Nm*）为 1.7075，居群间的遗传分化系数（*Gst*）为 0.2265，居群内遗传变异大于居群间的遗传变异，居群内变异是其变异的主要来源，变异式样和濒危植物思茅木姜子相似（慈秀芹，2007），但与双子叶植物的遗传变异水平（Gs=0.273）对比，琴叶风吹楠的遗传分化程度稍低。推测造成琴叶风吹楠居群内变异增加的原因之一可能和结实习性有关，在对该物种进行花序观察时发现，同一株树上雌雄花序并存，同一花序也有雌花和雄花，且部分单独生长的植株却硕果累累，周围找不到其余单株，可能琴叶风吹楠具有近交、自交或孤雌生殖的特点，这样的繁殖群体必定造成同一个居群内遗传变异的增加。

聚类分析的结果是各个居群的分组并非所有居群都按地理距离远近聚类。地理距离和遗传距离之间存在不显著的正相关性，但总体上还是遵循遗传距离随地理距离增大而增大的规律。距离较近的纳板河和森林公园两个居群首先聚在一起，勐仑、勐伴和回燕竜地理距离较近，3 个居群聚在一起。但是补蚌居群从地理距离看，与勐伴和回燕竜相隔很近，但聚类时却和双江居群聚在一起，这可能和其自然居群的大小有关，双江也属于小居群，小居群趋向于更低的遗传多样性。

参考文献

慈秀芹 . 2007. 樟科濒危植物思茅木姜子的保护遗传学研究［D］. 北京：中国科学院研究生院 .

管毕财 . 2008. 特有濒危植物八角莲保护遗传学和分子亲缘地理学［D］. 杭州：浙江大学 .

李辛雷 . 2012. 杜鹃红山茶遗传多样性及其濒危机制［D］. 北京：中国林业科学研究院 .

刘占林，赵桂仿 . 1999. 居群遗传学原理及其在珍稀濒危植物保护中的应用［J］. 生物多样性，7（4）：340-346.

王燕，唐绍清，李先琨 . 2004. 濒危植物元宝山冷杉的遗传多样性研究［J］. 生物多样性，12（2）：269-273.

吴裕，毛常丽，张凤良，等 . 2015. 琴叶风吹楠（肉豆蔻科）分类学位置再研究［J］. 植物研究，35（5）：652-659.

Joshi S P，Gupta V S，Aggarwal P K，*et al*. 2000. Genetic diversity and phylogenetic relationship as revealed by inter simple sequence repeat (ISSR) polymorphism in the genus *Oryza* [J]. Theoretical and Applied Genetics，100：1 311-1 320.

Lenormand T，Guillemaud T，Bourguet D，*et al.* 1998. Evaluating gene flow using selected markers: a case study [J]. Genetics，149：1 383-1 392.

Mao C L，Zhang F L，Li X Q，*et al.* 2019. The complete chloroplast genome sequence of *Horsfieldia pandurifolia* (Myristicaceae) [J]. Mitochondrial DNA Part B: Resources，4（1）：949-950.

Whitlock M C，David E Mccauley. 1999. Indirect measures of gene flow and migration: $F_{ST}\neq 1/(4Nm+1)$ [J]. Heredity，82：117-125.

第8章 琴叶风吹楠繁殖试验

8.1 引言

繁殖障碍是导致物种濒危的内部因素之一（李莲芳，2005；宁世江，2005）。植株能否正常开花结实？种子能否发育成熟？成熟种子能否正常萌发？幼苗能否长大？只要有一个环节发生障碍，种群发展就受到抑制，表现为种群数量下降，走向濒危或灭绝。琴叶风吹楠已被列入《中国植物红皮书》（傅立国，1991）和《中国物种红色名录》（汪松，2004），但是致危原因知之甚少。据调查，琴叶风吹楠分布区木材采伐和毁林开荒等诸多人为因素是导致濒危的主要外在因素（吴裕，2011）。另外，调查中发现，有多种动物采食种子，一方面有助于种子传播，另一方面也损失了部分种子。

由于繁殖障碍导致濒危的物种普遍存在，调查表明琴叶风吹楠开花结实正常，且种子饱满。因而开展种子繁殖研究，认识萌发习性，对琴叶风吹楠的致危机理研究和物种开发利用都有重要意义。本章主要介绍模拟野生环境下种子萌发情况、沙床和苗圃中播种比较、带果皮与去果皮播种比较、不同单株间种子萌发能力比较、不同萌发阶段幼苗移栽试验，以及无性繁殖的初步试验结果。

8.2 研究方法

试验于2009—2010年在云南省热带作物科学研究所试验地进行。试验地在云南省景洪市内，大约位于东经100°47′，北纬22°00′，海拔600 m地段，属于琴叶风吹楠的自然分布区范围；土壤属酸性红壤，pH值为4.5~5.5，土层深厚；年平均气温 21℃，最冷月平均气温（1 月）15.6℃，最热月平均气温（7 月）25.2℃；年平均降水量 1 200 mm。5—10 月，受印度洋和太平洋暖湿气流的影响，雨量充沛，集中 80%~90% 的年降雨量于该期间，属于雨季；11 月至翌年 4 月，受来自西部沙漠的干暖气流影响，空气干燥而温暖，降雨极少，属于旱季。相比而言，2009 年雨季期间晴天较多。

本试验所用种子采自于西双版纳地区天然林内的 5 个分布点，共 12 株树，以株为单位编号记录。模拟野生环境下的萌发试验在林下进行，不浇水，不用人工遮阴；沙床和土壤（苗床）都用遮阴网遮阴，根据天气情况浇水，保证沙床和苗床湿润。繁殖试验开始后，跟踪观察记录，调查萌发率和移栽成活率，测量苗高和地径，数据采用 Excel 2003 软件分析处理。

8.3 模拟野生环境下的种子萌发试验

以琴叶风吹楠原生环境为参考，选择树木茂密林地内林下较空旷的小环境进行试验。2009 年 5 月 5 日将 20090310 号植株（野生于西双版纳纳板河流域国家级自然保护区）的自然脱落种子随机分成 10 组，每组 20 粒，设置浅覆土（种子露一半在外面）和不覆土（种子完全裸露地面）的对比试验，5 次重复。

琴叶风吹楠的原生环境树木茂密，层次复杂，土壤湿润，地面光照弱，但为了操作方便，选择林下比较空旷的小环境进行试验。2009 年 5 月 5 日开始试验，第 1~35 d 雨日多，第 36~50 d 为晴天，之后雨日较多。总体而言，雨量比往年少，晴天较多。试验结果表明，以种子最终萌发的数量计算萌发率，浅覆土的种子萌发率为 55%~95%；不覆土的种子萌发率为 20%~65%，差异较大（表 8-1）。浅覆土的种子萌发比较整齐，在第 20~40 d 内基本萌发完成，且保苗率高；不覆土的种子萌发不整齐，保苗率低。本试验于 2009 年 6 月 23 日调查拍照时每个重复的种子数量保持 20 粒不变，萌发情况表现为：浅覆土的种子已展开叶片（图 8-1A）；不覆土的种子在环境较潮湿条件下大部分种子萌发长出胚根（图 8-1B）；不覆土的种子在环境较干燥条件下，尚未见萌发（图 8-1C），但后续观察发现有少部分种子萌发了。到 2009 年 12 月调查时，部分小苗生长良好。种子萌发受小环境影响大，在土壤潮湿、阳光不能直射的环境下容易萌发，即使不覆土萌发率也在 60% 以上；但是在土壤比较干燥的条件下，萌发率明显下降。

表 8-1　琴叶风吹楠模拟野生环境下的种子萌发率　/%

处理	重复次数				
	Ⅰ	Ⅱ	Ⅲ	Ⅳ	Ⅴ
浅覆土	95	75	75	60	55
不覆土	60	65	45	35	20

图 8-1　琴叶风吹楠（模拟野生环境的种子萌发，2009）
说明：A 浅覆土；B 不覆土，环境较湿润；C 不覆土，环境较干燥

观察发现不覆土的种子萌发时恰好遇到降雨少，土壤干燥，胚根不能伸入土壤而夭折，只要胚根能顺利扎入土壤基本上能保证幼苗成活。

20090310 号植株于 2009 年结实特别多，2009 年 11 月调查时，发现树下有不少小苗（图 8-2），大多数生长 3~5 片叶，株高 10~30 cm，可是到 2010 年 5 月调查时，这些小苗全部死完。这株大树生在水沟边，沟水常年不断，从大环境看，植株不缺水，生长旺盛，然而树下的小苗生在乱石堆上的草丛中，旱季严重缺水可能是致命的伤害。西双版纳地区干湿季分明，旱季降雨极少，光照强，气温高，蒸

图 8-2　琴叶风吹楠
（野外大树下的小苗，2009）

发快，土壤含水量低，空气湿度低。每年旱季琴叶风吹楠 1~2 年生植株向阳处的叶片都会受到日灼伤害，随着植株年龄增大，日灼伤害减轻。据课题组 2010 年 3 月 8 日的测定，土壤含水量 14%~15%，琴叶风吹楠苗木生长缓慢，随后几年测定情况，都是类似的结果：土壤含水量 12%~15%，苗木生长缓慢，雨季到来，便迅速生长。针对土壤含水量这个指标，含水量下降到什么程度，持续时间多久，会导致苗木死亡，尚需进一步测定。在这里需要说明的是：在其他地方的调查中发现诸多大树下环境湿润，很适合种子的萌发和幼苗生长，然而很少见幼树。在西双版纳保护区内发育比较好的林分中，有小苗、幼树、小树和大树，然而这些幼小的植株隔大树都比较远，推测可能大树对幼树的生长有抑制作用，尚需进一步研究（参见第 2 章和第 3 章）。

琴叶风吹楠种子属于玩拗型（recalcitrant）种子，容易失活，不耐久藏。有试验报道（云南省热带植物研究所，1973），贮藏 10 d 发芽率为 32.5%，贮藏 20 d 只有 2.5%；另有报道，贮藏 10 d 发芽率为 85%，贮藏 20 d 只有 30%（傅立国，1991）。相同的贮藏时间在不同试验中种子萌发率差异较大，可能是由于贮藏环境不同，导致水分散失程度不等所致。课题组 2009 年 5 月 1—4 日，对 20090310 号植株经历 4 d 的时间采拾自然脱落的种子（置于通风阴凉处），于 5 月 6 日沙床催芽（即有部分种子脱落 5 d 后才播种），萌发率为 96%；但是将同一批种子在室温自然通风条件下贮藏和在 4 ℃冰箱贮藏，分别于 5 月 11 日和 5 月 21 日沙床催芽，萌发率均为 0，7 月 15 日检查，部分种子已经腐烂。琴叶风吹楠果实 4—5 月成熟，正值云南热带地区高温干旱季节，种子容易失水而死亡，所以只在有流水的沟谷和洼地才可能具备裸露种子萌发的水分条件，或者由于动物的活动将种子埋于土壤中才有可能在水分相对较少的环境中萌发，这也许是琴叶风吹楠只分布于洼地或沟谷的原因之一。

8.4 沙床播种与土壤播种的比较

2009 年 4 月下旬从 20090310 号植株下拾取成熟自然脱落的种子，去掉假种皮，于 4 月 27 日混合均匀，随机分成 4 组，开展沙床播种与土壤播种的对比试验，设 2 次重复。

琴叶风吹楠种子胚乳极大，极小的胚位于种子基部，幼苗属子叶留土类型。根据观察，种子沙床播种 20 d 左右种子基部露白，胚根慢慢伸出，第 20~30 d

主根伸长到 1~2 cm，第 30~46 d 主茎高 5~7 cm，真叶初展，作为种子正常萌发的标志记数；苗床播种的种子出土后记数。统计结果表明：沙床播种的种子萌发率在 96% 以上，而土壤播种的种子萌发率接近 80%，两次重复的萌发率基本无差异（表 8-2）。

表 8-2　琴叶风吹楠种子沙床播种和土壤播种的萌发试验

基质	重复次数	播种数 / 粒	萌发数 / 粒	萌发率 /%
沙床	Ⅰ	130	125	96.15
	Ⅱ	143	140	97.90
土壤	Ⅰ	118	93	78.81
	Ⅱ	112	89	79.46

种子萌发的条件是有充足水分、充足氧气和适宜温度，沙床通风良好，既能保湿又不渍水，更有利于种子的萌发。虽然琴叶风吹楠种子属于顽拗型种子，容易失活，不耐久藏，但是本次试验种子采拾过程经历 4 d，即有部分种子脱落 5 d 后才播种，萌发率仍在 96% 以上，短时间内不会失活。

8.5　带果皮播种与去果皮播种的比较

琴叶风吹楠每个果实只有 1 粒种子。2009 年 3 月 30 日和 4 月 1 日采摘第 20090303、20090304、20090308 共 3 株树的成熟果实，分株记录，将每株树的果实各自混合均匀后随机分成 2 组，其中一组用利刀切开果皮再用手剥去假种皮（确保种皮不受伤害）后土壤播种，记为“去皮”；另一组用完整的果实直接土壤播种，记为“留皮”。

琴叶风吹楠的果皮从绿色逐渐转变为黄色，假种皮顶端变红，标志着果实已经开始成熟，但是同株树的果实成熟时间不完全一致，因而将果皮明显绿色的嫩果和已经开裂的果实剔除，将果皮黄色而又未开裂的果实充分混匀用作试验。试验过程中第 20090303 号植株的去皮种子播种失误而未记入。统计结果表明，第 20090304、第 20090308、第 20090303 号植株的留皮种子萌发率仅为 9.09%~33.33%，且苗木生长不良；而第 20090304、第 20090308 号植株的去皮种子萌发率为 80.00%~86.27%（表 8-3），且苗木生长良好。第 20090304、20090308

号植株的种子萌发率与第 20090310 植株自然脱落种子土壤播种的萌发率相近，表明这些种子虽不是自然脱落，但已生理成熟。

表 8-3　琴叶风吹楠留皮与去皮播种的萌发试验

植株编号	种子	播种数 / 粒	萌发数 / 粒	萌发率 /%
20090304	留皮	22	2	9.09
	去皮	20	16	80.00
20090308	留皮	57	19	33.33
	去皮	51	44	86.27
20090303	留皮	58	10	17.24

果实成熟开裂，种子连同假种皮一起脱落，假种皮很快烂掉，只剩下种子。种子离开果皮和假种皮后萌发生长是琴叶风吹楠种子繁衍的固有方式。2011 年 4 月 18 日人工采摘 20090402 和 20090403 号植株的果实重复试验，表明果皮和假种皮对种子的萌发和幼苗生长也有一定抑制作用。所以在人工播种繁殖时应除去果皮和假种皮，以保证较高萌发率和苗木生长良好。果皮抑制种子萌发和幼苗生长的机理有待进一步研究。

8.6　不同植株种子的萌发能力比较

于 2009 年 4 月果实成熟期间，将 11 株树自然脱落的新鲜种子土壤播种，2 个月后调查萌发率，2009 年年底调查保苗率。将 11 株树的种子萌发率和保苗率统计于表 8-4。不同植株种子萌发率为 58.67%~90.48%，11 株树 798 粒种子平均萌发率为 76.44%；到 2009 年年底，11 个家系的保苗率为 94.74%~100.00%，平均保苗率为 98.03%。

在试验过程中发现大部分植株的种子都很饱满，萌发率也高，只有极少数植株的种子不饱满，而且部分种子还未脱落就已腐烂，这些都是导致种子萌发率差异较大的原因。

表 8-4　琴叶风吹楠不同植株种子的萌发率和保苗率

植株编号	播种数 / 粒	萌发数 / 粒	萌发率 /%	年底株数 / 株	保苗率 /%
20090304	10	9	90.00	9	100.00
20090308	51	44	86.27	44	100.00
20090310	230	182	79.13	178	97.80
20090404	100	76	76.00	74	97.37
20090406	30	19	63.33	18	94.74
20090407	48	39	81.25	39	100.00
20090408	55	44	80.00	43	97.73
20090409	52	32	61.54	32	100.00
20090413	75	44	58.67	44	100.00
20090414	84	64	76.19	63	98.44
20090415	63	57	90.48	54	94.74
合计	798	610	76.44	598	98.03

8.7　不同萌发阶段的幼苗移栽试验

2009 年 5 月 5 日，将 20090310 号植株的种子随机分成 8 组，每组 25 粒，沙床播种。种子萌发是一个连续的过程，为了方便记录将其分成可明显识别的 4 个阶段（杨晓玲，2009）：胚根生长期（主根长 1~2 cm）、上胚轴生长期（主茎弯曲成 Q 字形）、主茎伸直、真叶长 2~3 cm，依次编号为 1、2、3、4。播种后随时检查种子萌发的动态，适时移栽，每个阶段的幼苗采取全苗和切根苗移栽对比试验。切根苗指移栽时切去主根，只保留近种子端 1.5~2 cm 长。移栽工作从 5 月 29 日开始，到 7 月 1 日完成。7 月 1 日以后萌发的种子未移栽，移栽过程中受损严重的幼苗丢弃，以最后移栽的总数进行统计。

将 4 个萌发阶段的全苗和切根苗移栽后调查数据统计于表 8-5。从表 8-5 中可看出各个阶段的幼苗移栽，以及全苗和切根苗移栽对幼苗的成活率没有影响，都能满足 100%，但是对幼苗的生长量有一定影响。本试验于 2009 年 5 月 5 日播种，分阶段移栽，于 2009 年 11 月 25 日测量，无论是全苗还是切根苗第 1 阶段移栽的苗生长量均最大。针对全苗移栽，第 1 阶段移栽的平均苗高 45.55 cm，平均地径 8.41 mm，苗高变异系数 11.58%，地径变异系数 7.88%，生长比较整齐，以后各阶段移栽的生长量逐渐减小；关于切根苗，第 1~3 阶段移栽的生长量都比全苗移栽的小，但是到第 4 阶段移栽的生长量却比全苗移栽的大。另外，据 2009 年 10 月对 16 株苗的切根移栽试验，苗高 25~30 cm，主根只留近种子端 10 cm 长，剪除部分主茎，留 1~2 片叶子，其成活率为 100%，且生长良好。随着根系发育建全，主根极长，但侧根细弱，切根移栽更有利于根系恢复而促进生长。总体说来，以胚根发育长 1~2 cm 时全苗移栽为最佳，如果幼苗较大以切根移栽为宜。

琴叶风吹楠种子大，营养富足，胚乳为幼苗提供营养物质，所以移栽或锄草等过程中不能伤到种子，如果幼苗失去种子的营养供应，则生长瘦弱，甚至死亡。

表 8-5　琴叶风吹楠不同萌发阶段移栽幼苗的成活率和生长量

幼苗	移栽数 / 株	成活数 / 株	成活率 /%	平均苗高 /cm	苗高变异系数 /%	平均地径 /mm	地径变异系数 /%
1 全苗	20	20	100	45.55 ± 5.28	11.58	8.41 ± 0.66	7.88
1 切根	18	18	100	44.78 ± 7.57	16.90	8.58 ± 0.84	9.81
2 全苗	20	20	100	41.90 ± 7.36	17.57	8.18 ± 1.53	18.72
2 切根	20	20	100	37.10 ± 9.14	24.62	7.36 ± 0.96	13.05
3 全苗	20	20	100	41.90 ± 8.79	20.97	7.76 ± 1.29	16.59
3 切根	18	18	100	38.77 ± 5.51	14.21	7.69 ± 0.93	12.09
4 全苗	20	20	100	37.90 ± 8.29	21.87	7.56 ± 1.11	14.68
4 切根	18	18	100	40.72 ± 6.27	15.39	7.87 ± 0.66	8.39

注：“全苗”指全苗移栽；“切根”指移栽时切去主根，只留 1.5~2 cm 长。

8.8　无性繁殖初步试验

2010 年 5 月，以一年生苗为砧木，从一年生苗木上采穗，进行带木质部芽接和枝接，两种方法都能成活（图 8-3、图 8-4）。琴叶风吹楠嫩枝髓心大，嫁接时砧木切口靠边，切下少量木质部；接穗则削成楔形，同样是削去少量木质部。以“背靠背”的方式嫁接，用捆绑带从下向上逐层覆盖轻轻捆紧即可，注意上切口处严密封闭，避免进水。芽接方法与枝接的方法原理完全一样，差异是接穗只带 1 个芽。嫁接后 10 d 左右抽出新枝，1 个月后，嫁接部位愈合，可以解绑。2014 年 5 月，以一年生苗为砧木，从 140 年生老树上采穗，从砧木基部剥皮进行芽接，芽片不带木质部，芽接成活后，将砧木锯干，但芽片不抽出新枝，其中的问题需要进一步研究。

图 8–3　琴叶风吹楠（芽接苗，2010）

图 8–4　琴叶风吹楠（枝接苗，2010）

2010 年 5 月，从一年生苗采集插穗，以细沙和红土两种基质分别扦插。扦插结果为：两种基质中都有少量半木质化的插穗生根发芽，但生根量太少（图 8-5、图 8-6）。本次试验，无论是枝接、芽接或扦插繁殖，成活率都太低，没有统计学的意义，但是也说明可以通过嫁接或扦插建立无性系。如何提高繁殖效率以及苗木后期生长情况等问题都有待进一步研究。

8.9　小结

本研究表明，模拟野生环境条件下同一株树的种子在浅覆土时萌发率为 55%~95%，保苗率较高，不覆土的种子萌发率为 20%~60%，且萌发不整齐，保苗率低；同一植株发育良好的种子沙床播种萌发率在 96% 以上，而土壤播种萌发率约为 80%，差异较大；从不同 3 株树的成熟果实中剥出种子土壤播种，其萌发率为 80.00%~86.27%，而整个果实土壤播种萌发率为 9.09%~33.33%；11 株树自然成熟脱落的新鲜种子土壤播种萌发率为 58.67%~90.48%，6 个月后（2009 年底）保苗率为 94.74%~100.00%；幼苗移栽容易成活，移栽时要带种子保证子叶不受伤害，种子能继续给幼苗提供营养物质。

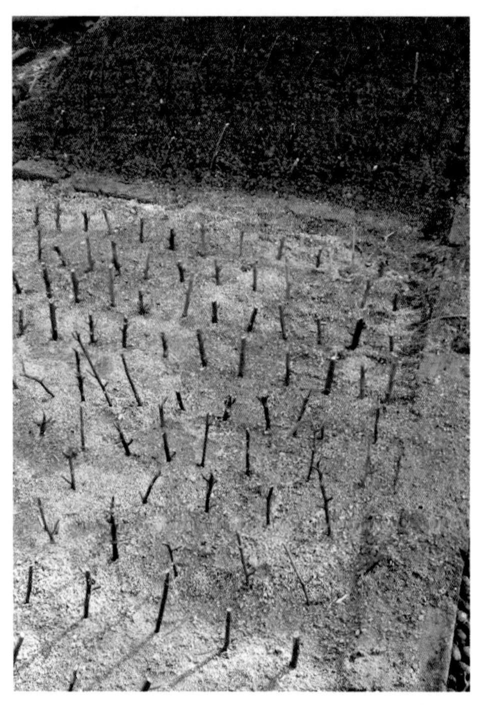

图 8-5　琴叶风吹楠（扦插苗床，2010）

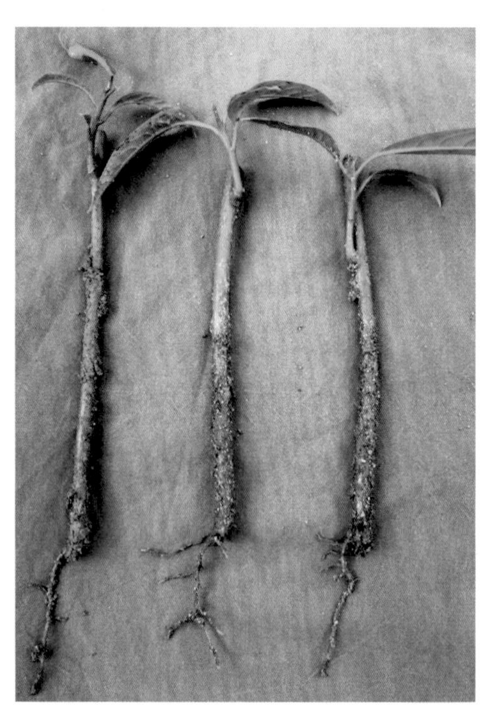

图 8-6　琴叶风吹楠（扦插生根，2010）

琴叶风吹楠种子发育良好、萌发率高、幼苗生长健壮，从这些指标可以判定为不存在繁殖障碍。从播种到 2 周年，大部分苗木高达 2 m 以上。野外调查发现，未受人为破坏的森林中幼树生长良好，表现为“幼树多，大树少”的特点。在水分充足保护完好的森林环境中，琴叶风吹楠的种群发育良好，但在干旱环境中，即使大树每年产生许多种子，也很难生长出幼树，种群不能发展。

参考文献

傅立国，金鉴明 . 1991. 中国植物红皮书（第一册）[M] . 北京：科学出版社，468-469.

李莲芳，周云，王达明 . 2005. 云南红豆杉的濒危成因剖析 [J] . 西部林业科学，34（3）：30-34.

宁世江，唐润琴，曹基武 . 2005. 资源冷杉现状及保护措施研究 [J] . 广西植物，25（3）：197-200.

汪松，解焱 . 2004. 中国物种红色名录 [M] . 北京：高等教育出版社，330.

吴裕，段安安，田耀华，等 . 2011. 云南野生珍稀油料树种琴叶风吹楠资源调查 [J] . 广西植物，31（2）：217-221，216.

杨晓玲，许玉兰，段安安，等 . 2009. 油料植物琴叶风吹楠种子萌发观察 [J] . 热带农业科技，32（4）：30-32.

云南省热带植物研究所（油料组）. 1973. 贺得木种子繁殖试验初报 [J] . 热带植物研究，(3)：25-27.

嫁接繁殖试验，2010

第9章 琴叶风吹楠苗木生长量性状群体变异

9.1 引言

物种在长期的进化过程中为适应复杂多变的环境而产生与之相适应的遗传变异，同一树种不同产地的母树为了适应环境变化也会产生遗传变异，并将稳定的遗传变异性状反映在种子的各种品质中（刘志龙，2011）。达尔文学说认为决定生物进化的因素是遗传的变异和自然选择，分布区很广的植物通常都有变种，因为在广大区域内，它们常处于各种不同的物理条件下，并且会遇到各类生物群体的竞争。这里不讨论生物群体变异产生的原因，只因为群体遗传变异的客观存在是遗传改良的物质基础，所以在林木遗传改良工作中，育种者都会重视种源选择和种源内林分选择，以及林分内优良单株选择。为了尽早认识选择的有效性，育种者在采种以后都会抓紧育苗，以家系为单位进行苗木早期测定，以苗木生长量为指标，从家系层次、林分层次和种源层次进行变异分析和早期评价。

琴叶风吹楠在云南的分布区域不连续，呈“树枝状”分布于沟谷，沟谷与沟谷之间受高山阻隔，基因交流困难，这种地理隔离可能造就了生态型变异群体（ecotype variation）。由于琴叶风吹楠的研究基础薄弱，对其遗传变异知之甚少，认识苗木早期生长量变异情况对育种和开发利用都有重要意义。本章以来自于西双版纳热带雨林内11株母树的种子为材料，在相同环境条件下播种繁殖成11个家系，对其1年生苗木进行生长量性状测定和群体变异分析。

9.2 研究方法

试验地的立地条件与第 8 章介绍相同。本试验于 2009 年 4—6 月的果实成熟季节从西双版纳州的 5 个分布地点采集 11 株母树（同一地段的株间距离 50 m 以上，只有家系 20090402 和 20090403 的母树相距较近）的成熟种子，及时播种（部分母树与第 8 章相同）。采取直接土壤播种的方法，株行距 30 cm × 40 cm，根据天气情况浇水，确保种子和苗木不受到干旱胁迫。各个家系根据采种时间顺序排列于同一苗圃（表 9-1）。苗圃全部用遮荫网遮荫，圃内环境条件基本一致。

2009 年 12 月底选择 20090308 号“留皮”和“去皮”播种苗，以及 20090310 和 20090415 号“去皮”播种苗测量一次株高和地径为基数。从 2010 年 1 月底开始，每月底测一次株高和地径，直到 2010 年 12 月底结束。以家系为单位计算平均值，分析苗木在一年内的生长节律（张君鸿，2011）。2010 年 6 月，苗木生长到 1 周年，大量抽生一级分枝，但没有二级分枝。对 11 个家系所有正常生长的苗木进行调查，测量株高、地径、第一轮分枝高度、分枝数，选择具有代表性的侧枝 2~4 枝测量长度。计算单株分枝总长，以及株高与地径比。

用 Excel 2003 软件进行数据处理，分析各性状间的相关性，进行 t 检验；计算各性状的平均值、变异系数和频率分布。

表 9-1　琴叶风吹楠 11 个家系信息

家系	采种地点	播种时间	调查株数
20090308	景洪市景洪镇	4 月 01 日	41
20090310	景洪市景洪镇	4 月 27 日	88
20090402	景洪市景洪镇	4 月 04 日	22
20090403	景洪市景洪镇	4 月 18 日	59
20090404	勐腊县勐仑镇	4 月 29 日	69
20090407	勐腊县勐仑镇	4 月 26 日	36
20090408	勐腊县勐仑镇（植物园）	4 月 26 日	40
20090409	勐腊县勐仑镇	4 月 26 日	30
20090413	勐腊县勐仑镇	4 月 29 日	44
20090414	勐腊县勐仑镇	4 月 29 日	63
20090415	勐腊县尚勇镇	5 月 16 日	52

9.3　琴叶风吹楠苗木生长节律

以 20090308 号植株播种苗为材料，于 2009 年 12 月底调查去皮播种苗 41 株，平均株高 52.8 cm；留皮播种苗 19 株，平均株高 39.3 cm。2010 年 1—12 月对留床苗木测量（有效株数为去皮播种苗 39 株，留皮播种苗 19 株），结果表明，去皮和留皮播种苗木的株高和地径生长都表现为“慢–快–慢”的生长规律，1—4 月生长缓慢，5—10 月生长迅速，11 月开始生长量逐渐减小。5—10 月为西双版纳雨季，雨量充沛，热量充足，集中了高生长的 70% 左右。旱季虽然有人工浇水，但空气湿度小，1 月前后气温低，因此旱季生长量较小（图 9-1、图 9-2）。

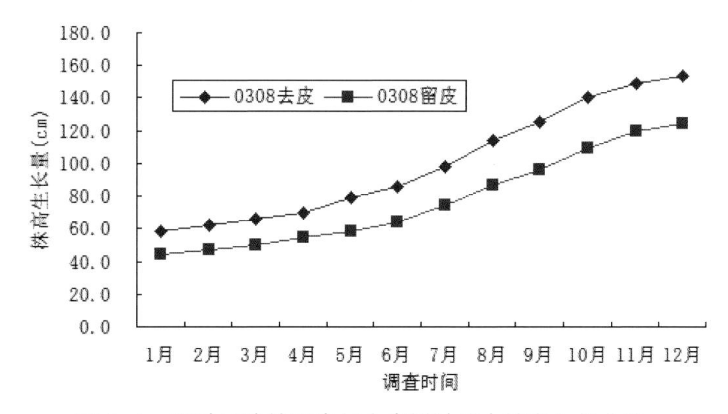

图 9-1　琴叶风吹楠留皮与去皮播种苗木株高生长曲线

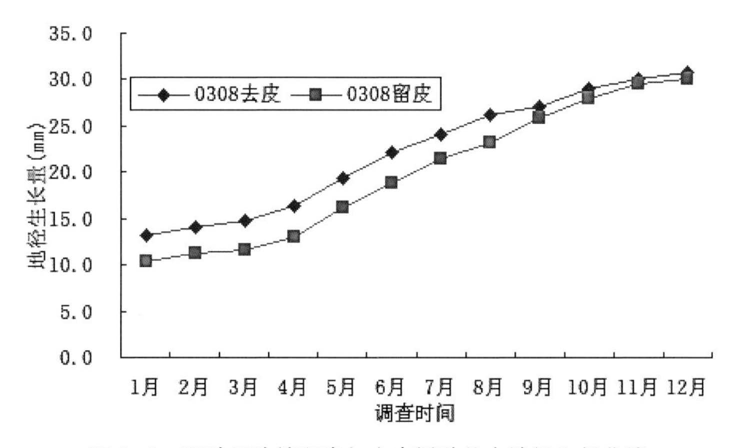

图 9-2　琴叶风吹楠留皮与去皮播种苗木地径生长曲线

由于果皮对种子萌发和幼苗生长有不利影响，留皮播种萌发率低，生长量也较小。2009 年 12 月底留皮播种苗的株高和地径仅为去皮播种苗木的 80% 左右；2010 年 12 月底平均株高仍保持“80%”的差异。由于留皮播种萌发率低，圃内苗木相对稀疏而有利于粗生长，到 2010 年 12 月底两者平均地径相差不足 0.3%。至于果皮对种子萌发和幼苗生长的不利影响能持续多长时间有待进一步观察。

对 20090308、20090310 和 20090415 号共 3 个家系去皮播种苗测量结果表明，2010 年 1—4 月缓慢生长，5—10 月生长迅速，到 11 月生长量减少，符合“慢－快－慢”的生长规律，5—10 月的雨季集中株高生长量和地径生长量的 70%~80%，1—4 月和 11—12 月只占 20%~30%（图 9-3、图 9-4）。3 个家系播种时间不同，受播种时间影响，当年苗高生长量差异较大。2010 年开始新的生

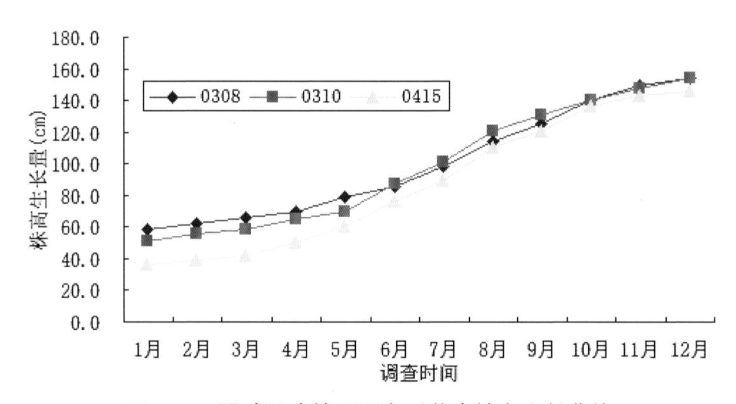

图 9-3　琴叶风吹楠不同家系苗木株高生长曲线

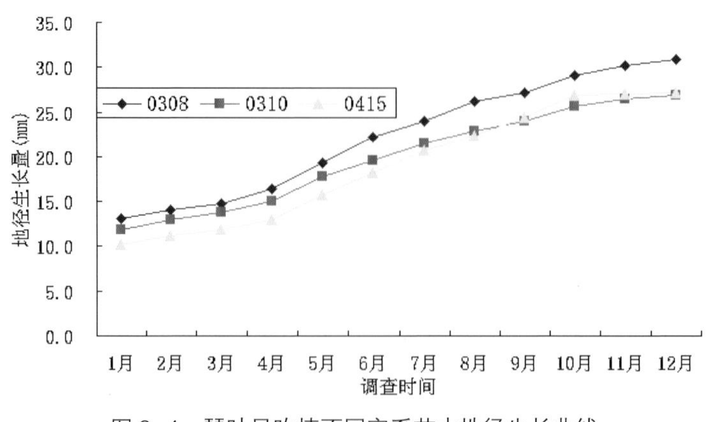

图 9-4　琴叶风吹楠不同家系苗木地径生长曲线

长周期，播种时间差异造成的影响逐渐减小，家系间的生长量差异除了受播种早晚的影响外，家系间的遗传差异也是重要因素。

9.4 琴叶风吹楠苗木生长量性状变异规律

将琴叶风吹楠 11 株母树的种子按种子采集时间先后依次播种于同一块苗圃地，圃内环境基本一致，苗木生长良好（图 9-5、图 9-6）。

图 9–5　琴叶风吹楠
（播种 7 个月苗，2009）

图 9–6　琴叶风吹楠
（播种 13 个月苗，2010）

将琴叶风吹楠 11 个家系苗木 6 个生长量性状数据的计算结果列于表 9-2。结果表明，所观测的性状在家系内和家系间都存在不同程度的变异，家系内变异系数为 15.72%~89.64%，家系平均值间变异系数为 9.30%~26.73%。其中，株高总平均为 67.94 cm，株间变幅为 11~ 130 cm，家系平均值间的变幅为 47.77~ 82.83 cm；地径总平均为 17.24 mm，株间变幅为 5.60~29.60 mm，家系平均值间变幅为 14.62~20.90 mm；株高 / 地径总平均为 39.35，株间变幅为 19.28~64.62，家系平均值间变幅为 32.80~46.67；家系间平均抽枝数为 3.29~6.63 枝，抽枝总长为 82.29~211.25 cm，第一轮分枝高度为 36.69~49.70 cm。说明家系间和家系内生长量性状变异均较大。不同性状家系间的变异系数差异较大，表现为分枝总长（26.73%）> 抽枝数（21.34%）> 株高（16.52%）> 第一轮分枝高度（12.66%）> 地径（10.31%）> 株高 / 地径（9.30%），说明 6 个性状的变异特点差异明显，只有株高 / 地径的变异系数最小，虽然植株有向“粗矮”和“细高”两个方向变异的趋势，但是株形这一性状比其他性状更稳定，野外调查时也发现类似的现象。

表 9-2　琴叶风吹楠苗木生长量性状变异分析

家系	函数	株高 /cm	地径 /mm	株高 / 地径	分枝数 / 枝	分枝总长 /cm	第一轮分枝高 /cm
20090308	平均数	72.95 ± 17.12	20.09 ± 4.42	36.52 ± 4.43	6.63 ± 2.63	176.45 ± 104.46	48.95 ± 8.24
	方差	293.22	19.56	19.66	6.94	10911.26	67.84
	变异系数 /%	23.47	22.01	12.14	39.70	59.20	16.83
	变幅	34.00~122.00	9.50~29.60	25.36~46.07	0~14	0~466.67	31.00~68.00
20090310	平均数	78.57 ± 20.99	18.91 ± 4.15	41.63 ± 6.83	5.11 ± 2.48	171.35 ± 112.46	49.70 ± 8.25
	方差	440.62	17.26	46.68	6.14	12647.23	68.14
	变异系数 /%	26.72	21.97	16.41	51.44	65.63	17.61
	变幅	25.00~119.00	6.70~27.70	25.00~57.34	0~11	0~472.00	26.00~74.00
20090402	平均数	47.77 ± 18.72	14.62 ± 5.58	32.80 ± 8.46	4.23 ± 1.83	124.82 ± 111.89	36.69 ± 10.21
	方差	350.57	31.06	71.58	3.36	12519.72	104.23
	变异系数 /%	39.20	38.12	25.80	43.32	89.64	27.82
	变幅	11.00~72.00	5.60~27.50	19.64~50.83	0~8	0~434.67	25.00~63.00
20090403	平均数	71.08 ± 20.54	17.15 ± 4.94	41.48 ± 6.91	4.03 ± 2.55	135.66 ± 101.84	39.78 ± 9.43
	方差	421.94	24.41	47.69	6.52	11628.57	88.85
	变异系数 /%	28.90	28.81	16.65	63.28	79.49	23.69
	变幅	15.00~105.00	6.70~29.20	19.28~56.10	0~9	0~405.00	20.00~66.00
20090404	平均数	71.80 ± 17.11	17.29 ± 4.06	41.72 ± 5.06	4.72 ± 2.34	126.44 ± 78.11	49.39 ± 11.77
	方差	292.81	16.48	25.59	5.47	6101.23	138.56
	变异系数	23.83	23.48	12.13	49.49	61.78	23.83
	变幅	24.00~104.00	6.00~24.40	32.48~57.04	0~11	0~319.00	17.00~76.00
20090407	平均数	60.67 ± 17.79	15.87 ± 4.55	38.52 ± 5.21	3.86 ± 2.23	104.19 ± 81.05	45.68 ± 7.18
	方差	316.57	20.74	27.10	4.98	6569.50	51.56
	变异系数 /%	29.33	28.69	13.51	57.80	77.79	15.72
	变幅	20.00~90.00	6.10~22.60	28.28~51.95	0~7	0~413.00	35.00~69.00

（续表）

家系	函数	株高 /cm	地径 /mm	株高 / 地径	分枝数 / 枝	分枝总长 /cm	第一轮分枝高 /cm
20090408	平均数	80.58 ± 21.71	19.44 ± 4.29	40.71 ± 6.96	5.90 ± 2.53	211.25 ± 111.55	46.05 ± 9.67
	方差	471.43	18.42	48.39	6.40	12443.04	93.51
	变异系数 /%	26.95	22.08	17.09	42.88	52.80	21.00
	变幅	15.00~118.00	5.60~25.70	26.79~55.00	0~10	0~495	25.00~70.00
20090409	平均数	82.83 ± 27.64	17.86 ± 5.79	46.67 ± 7.96	4.40 ± 2.97	157.56 ± 122.17	49.69 ± 9.24
	方差	763.94	33.50	63.34	8.80	14925.94	85.42
	变异系数 /%	33.37	32.40	17.05	67.42	77.54	18.60
	变幅	26.00~130.00	7.40~27.90	30.11~64.62	0~12	0~420.00	29.00~70.00
20090413	平均数	53.39 ± 14.51	14.76 ± 3.70	36.60 ± 6.86	3.77 ± 2.76	105.21 ± 92.59	37.40 ± 5.95
	方差	210.52	13.67	47.05	7.62	8573.03	35.36
	变异系数 /%	27.18	25.04	18.74	73.18	88.01	15.90
	变幅	21.00~99.00	6.30~23.00	26.79~55.36	0~10	0~333.00	28.00~48.00
20090414	平均数	66.19 ± 20.10	17.08 ± 4.25	38.82 ± 8.01	4.46 ± 2.35	141.81 ± 83.86	38.25 ± 6.20
	方差	403.83	18.09	64.31	5.51	7031.93	38.45
	变异系数 /%	30.36	24.89	20.66	52.63	59.13	16.21
	变幅	13.00~107.00	5.70~24.40	22.81~62.18	0~10	0~326.67	25.00~51.00
20090415	平均数	61.55 ± 13.53	16.54 ± 3.17	37.39 ± 5.65	3.29 ± 1.55	82.29 ± 51.46	38.23 ± 7.13
	方差	183.13	10.04	31.95	2.41	2647.90	50.82
	变异系数 /%	21.99	19.15	15.12	47.14	62.53	18.65
	变幅	28.00~88.00	7.10~22.80	22.45~48.05	0.00~6.00	0~192.00	25.00~59.00
家系间	平均数	67.94 ± 11.22	17.24 ± 1.78	39.35 ± 3.66	4.58 ± 0.98	139.73 ± 37.36	43.62 ± 5.52
	方差	125.96	3.16	13.40	0.96	1395.51	30.50
	变异系数 /%	16.52	10.31	9.30	21.34	26.73	12.66
	变幅	47.77~82.83	14.62~20.90	32.80~46.67	3.29~6.63	82.29~211.25	36.69~49.70

注：计算性状“第一轮分枝高”时剔除了未分枝的植株。

就变异系数而言，11 个家系株高变异系数为 21.99%~39.20%，地径为 19.15%~38.12%，分枝总长为 52.80%~89.64%，说明家系内单株间的变异大。针对株高和地径，家系 20090402 的变异系数最大（39.20%，38.12%），家系 20090415 的变异系数最小（21.99%，19.15%），不同家系苗木的整齐度差异较大。

对 11 个家系苗木生长量性状比较分析结果表明，家系平均株高最大值是最小值的 1.74 倍，地径为 1.37 倍，分枝总长为 2.57 倍，对播种日期相近的 7 个家系（20090310、20090404、20090407、20090408、20090409、20090413、20090414）平均数差异显著性检验的结果表明差异显著（$P<0.05$），说明琴叶风吹楠家系间生长量差异较大。家系 20090308 播种时间比家系 20090415 提前 45 d，幼苗出土时间也提前约 40 d，但是家系 20090308 的株高排名第 4，地径为第 1，分枝总长为第 2，家系 20090415 分别是倒数第 2、第 4、第 1，其他家系生长量也不随播种时间的先后顺序排列。导致家系间生长量差异的遗传分量有待进一步深入研究。

9.5 琴叶风吹楠苗木生长量频率分布

将株高按 10 cm 间距划分为 11 个等级，在 11 个家系 543 株苗木中，株高大于 110 cm 的有 15 株，小于 20 cm 的有 8 株。由表 9-3 可见，70.1~80 cm 株高频率最高，占 20.26%，其次是 60.1~70 cm（19.71%），株高集中于 50.1~90 cm 的占 67.23%，整个大群体株高频率符合正态分布。从表 9-2 可知，家系 20090409 的株高变幅最大（26~130 cm），其次是家系 20090408（15~118 cm），变幅最小的是家系 20090415（28~88 cm），不同家系苗木的分化程度存在较大差异。从表 9-3 可看出，家系 20090310、20090408、20090409 的株高生长量明显优于其他家系，家系 20090402 生长量最低。

表 9-3 琴叶风吹楠苗木株高频率分布 /%

家系	≤ 20	20.1~30	30.1~40	40.1~50	50.1~60	60.1~70	70.1~80	80.1~90	90.1~100	100.1~110	>110
20090308	0.00	0.00	4.88	2.44	12.20	17.07	31.71	21.95	4.88	0.00	4.88
20090310	0.00	1.14	2.27	3.41	13.64	21.59	13.64	13.64	9.09	14.77	6.82
20090402	0.14	4.55	18.18	9.09	27.27	18.18	9.09	0.00	0.00	0.00	0.00

（续表）

家系	≤ 20	20.1~30	30.1~40	40.1~50	50.1~60	60.1~70	70.1~80	80.1~90	90.1~100	100.1~110	>110
20090403	0.03	3.39	3.39	1.69	13.56	15.25	28.81	10.17	16.95	3.39	0.00
20090404	0.00	4.35	1.45	2.90	11.59	24.64	26.09	17.39	8.70	2.90	0.00
20090407	0.03	8.33	2.78	13.89	8.33	36.11	16.67	11.11	0.00	0.00	0.00
20090408	0.03	0.00	2.50	2.50	2.50	10.00	27.50	20.00	15.00	12.50	5.00
20090409	0.00	3.33	6.67	3.33	10.00	3.33	20.00	10.00	13.33	13.33	16.67
20090413	0.00	9.09	4.55	31.82	29.55	15.91	6.82	0.00	2.27	0.00	0.00
20090414	0.02	1.59	4.76	12.70	22.22	15.87	15.87	12.70	6.35	6.35	0.00
20090415	0.00	1.96	5.88	11.76	21.57	31.37	23.53	3.92	0.00	0.00	0.00
总体	0.01	3.13	4.24	8.10	15.47	19.71	20.26	11.79	7.55	5.52	2.76

将地径按 2 mm 间距划分为 12 个等级。计算结果（表 9-4）表明，11 个家系 543 株总体的地径符合正态分布，以 18.1~20 mm 间的地径频率最高，占 17.68%，其次是 16.1~18 mm（16.76%），地径主要集中分布在 14.1~22 mm，占总数的 63.91%。地径大于 28 mm 的只有 2 株，占 0.37%，小于 8 mm 的有 22 株，占 4.05%。地径变幅最大的是家系 20090403（6.70~29.20 mm），其次是家系 20090402（5.60~27.50 mm），变幅最小的是家系 20090415（7.10~22.80 mm），各家系苗木分化程度存在较大差异（表 9-2）。家系间地径频率分布差异较大，其中家系 20090402 和 20090407 小于 8 mm 的植株占 18.18% 和 13.89%，表现为苗木生长较细弱。

表 9-4　琴叶风吹楠苗木地径分布频率　/%

家系	≤ 8	8.1~10	10.1~12	12.1~14	14.1~16	16.1~18	18.1~20	20.1~22	22.1~24	24.1~26	26.1~28	>28
20090308	0.00	4.88	0.00	2.44	7.32	12.20	24.39	19.51	12.20	4.88	9.76	2.44
20090310	1.14	1.14	2.27	6.82	14.77	12.50	19.32	18.18	13.64	6.82	3.41	0.00
20090402	18.18	9.09	9.09	4.55	13.64	22.73	4.55	13.64	0.00	0.00	4.55	0.00
20090403	3.39	6.78	3.39	16.95	6.78	16.95	11.86	20.34	10.17	1.69	0.00	1.69

（续表）

家系	≤8	8.1~10	10.1~12	12.1~14	14.1~16	16.1~18	18.1~20	20.1~22	22.1~24	24.1~26	26.1~28	>28
20090404	4.35	1.45	1.45	8.70	21.74	17.39	18.84	11.59	13.04	1.45	0.00	0.00
20090407	13.89	0.00	5.56	5.56	19.44	11.11	30.56	11.11	2.78	0.00	0.00	0.00
20090408	2.50	2.50	0.00	7.50	2.50	12.50	27.50	15.00	20.00	10.00	0.00	0.00
20090409	3.33	10.00	6.67	6.67	10.00	10.00	13.33	13.33	13.33	3.33	10.00	0.00
20090413	4.55	9.09	11.36	11.36	29.55	18.18	6.82	6.82	2.27	0.00	0.00	0.00
20090414	3.17	3.17	6.35	4.76	20.63	17.46	15.87	14.29	11.11	3.17	0.00	0.00
20090415	1.96	1.96	3.92	13.73	15.69	33.33	17.65	7.84	3.92	0.00	0.00	0.00
总体	4.05	3.87	4.05	8.47	15.29	16.76	17.68	14.18	10.13	3.13	2.03	0.37

分枝量的多少可以作为评价生物量变异的指标之一，在543株中11.05%的苗木未分枝。分枝苗木中，抽枝数为3枝的最多，占16.57%，分枝数主要集中在3~6枝之间，占57.63%，说明分枝量也存在较大的变异。琴叶风吹楠是单轴分枝型，单叶互生，一般每节抽生1侧枝。调查中发现苗木分枝呈层性分布，每层3~4枝，以3枝为多，2010年初（苗龄7~10个月）时，发侧枝较多，多数植株的顶芽停止生长，表现为侧枝高于主干（图9-7）。从2010年5月开始，顶芽萌发，迅速生长，到6月中旬主干明显高于侧枝，但是并非所有植株都保持同步，而是有先有后。观察3~4年生幼树也是同样现象（图9-8）。琴叶风吹楠属于单轴分枝型，一生中顶端优势明显，然而苗期到幼树期主茎顶端“间断性”生

图9-7　琴叶风吹楠（10个月苗龄主茎暂停生长，侧枝迅速生长，2010）

图9-8　琴叶风吹楠（4年树龄主茎暂停生长，侧枝迅速生长，2017）

长的原因尚需进一步研究，至于大树是否也保持这个生长规律尚需进一步观察。

后续的研究表明，云南肉豆蔻及红光树的几个种都表现出苗期到幼树期主茎顶端“间断性”生长的特征，但在野外调查时所有大树都表现出绝对的顶端优势。

1 年生苗木大部分正在抽生第二层分枝，所以表现为抽枝数 5~6 枝的比率较大，有少数植株正在抽生第三层分枝。苗期分枝的层间距较大，植株呈塔形，后期观察了 3~4 年生小树的分枝层性也很明显（图 9-9）；野外调查发现分布在林缘的成年大树保留侧枝较多，位于树干中部的侧枝表现出明显的层性（图 9-10），越往树冠顶端分枝层性越不明显，表现为连续性。野生于西双版纳的植株，树冠小，侧枝集中分布在顶端，树干通直，尖削度小，自然整枝能力强，只有极少数植株例外；在双江县和澜沧县交界的小黑江流域共发现 3 株大树，树高 20~35 m，胸径 33~90 cm，枝下高 2~3 m，自然整枝能力较弱。导致两地植株自然整枝能力差异的原因有待进一步深入研究。

图 9-9　琴叶风吹楠（4 年生幼树，2017）

图 9-10　琴叶风吹楠（林缘老树，2014）

9.6 琴叶风吹楠苗木生长量性状相关分析

对株高、地径、分枝数、分枝总长、第一轮分枝高度 5 个性状进行相关性分析的结果见表 9-5。从表 9-5 可以看出，543 株苗木构成的总体，株高与地径、株高与分枝数、株高与分枝总长、株高与第一轮分枝高、地径与分枝数、地径与分枝总长、地径与第一轮分枝高的相关系数为 0.469~0.822，都在 0.001 水平显著。植株越粗壮，分枝数越多，侧枝越长，调查时发现野生大树也有类似特点。分别对 11 个家系 5 个性状进行相关性分析，结果表明，家系 20090308 的地径与第一轮分枝高，家系 20090402 和 20090403 的株高与第一轮分枝高和地径与第一轮分枝高呈弱正相关，其他家系和其他性状都达到显著（$P < 0.05$）和极显著（$P < 0.01$）正相关。家系 20090402 和 20090403 的采种母树分枝特点和种子形态都极相似，而且两株母树相距较近，因而两个家系表型具有相似性，但是第一轮分枝高度变异最大，且与株高和地径的相关性较弱的原因有待进一步研究。

表 9-5 琴叶风吹楠苗木生长量性状相关系数

家 系	株高 – 地径	株高 – 分枝数	株高 – 分枝总长	株高 – 第一轮分枝高	地径 – 分枝数	地径 – 分枝总长	地径 – 第一轮分枝高
20090308	0.818***	0.743***	0.784***	0.617***	0.797***	0.854***	0.250
20090310	0.794***	0.627***	0.670***	0.586***	0.787***	0.844***	0.517***
20090402	0.820***	0.634**	0.558**	0.524	0.818***	0.824***	0.315
20090403	0.895***	0.717***	0.707***	0.272	0.797***	0.840***	0.110
20090404	0.873***	0.635***	0.685***	0.608***	0.752***	0.814***	0.492***
20090407	0.903***	0.739***	0.620***	0.571***	0.759***	0.688***	0.427**
20090408	0.801***	0.598***	0.597***	0.515***	0.789***	0.805***	0.529***
20090409	0.882***	0.795***	0.790***	0.741***	0.873***	0.889***	0.798***
20090413	0.746***	0.381*	0.451**	0.535**	0.762***	0.840***	0.512***
20090414	0.745***	0.562***	0.590***	0.484***	0.786***	0.881***	0.753***
20090415	0.754***	0.296*	0.482***	0.661***	0.587***	0.678***	0.655***
总 体	0.822***	0.625***	0.673***	0.572***	0.632***	0.819***	0.469***

注：① *** 表示在 0.001 水平显著；** 表示在 0.01 水平显著；* 表示在 0.05 水平显著；
②计算性状“第一轮分枝高”时剔除了未分枝的植株。

9.7　小结

植物种质资源收集与保存的依据是种内遗传多样性（罗建勋，2003），包括表型多样性和基因多样性，是外在表现与内在本质的结合（吴裕，2008），表现为群体间和群体内个体间不同层次（李文英，2005）。生物个体的表型由基因与环境共同决定，在表型多样性的内部深藏着基因的多样性，但是对于琴叶风吹楠这样一个缺少研究基础的物种，首先只能通过研究表型的变异，为进一步研究基因的多样性提供依据。

根据 2010 年苗木生长量调查数据，5—10 月的雨季集中株高生长量和地径生长量的 70%~80%，而 1—4 月和 11—12 月的旱季只占 20%~30%。本试验对 5 个分布地点 11 个家系 543 株苗木的 6 个性状进行了变异分析，分析结果表明，不同家系间、家系内单株间都存在不同程度的变异，其中家系内变异系数为 15.72%~89.64%，家系平均值间变异系数为 9.30%~26.73%，各家系平均株高、地径和分枝总长最大值是最小值的 1.37~2.57 倍，达到显著水平（$P < 0.05$）。6 个性状中，分枝总长和分枝数的变异系数最大，株高与地径比的变异系数最小，株高和地径的变异系数处于中间水平，树干形态是最稳定的性状，受环境影响较小。通过计算株高、地径、分枝数的分布频率，543 株苗木群体表现出正态分布的特征。相关性分析结果显示，株高、地径和分枝这 3 个生长量性状相关密切。野外调查时发现，分布于林缘或开天窗处的植株侧枝广展，主茎为粗矮型，而在密林中的植株则侧枝短而细，主茎为细高型。

育种工作成效的大小，很大程度上取决于所掌握的种质资源数量以及如何科学地利用（王明庥，2000）。琴叶风吹楠作为我国珍稀油料树种，还未来得及开发利用，种质资源就遭到严重破坏，种质资源的收集与保存迫在眉睫。虽然琴叶风吹楠种群数量已经很小，但是群体内蕴藏着丰富的表型变异，具备保存种内表型多样性以适应环境多态性的物质基础，同时满足优良基因型选择和遗传改良的基本条件。

参考文献

李文英，顾万春 . 2005. 蒙古栎天然群体表型多样性研究［J］. 林业科学，42（1）：49-56.

刘志龙，虞木奎，马跃 . 2011. 不同种源麻栎种子和苗木性状地理变异趋势面分析［J］. 生态学报，31（22）：6796-6804.

罗建勋，李晓清，孙鹏 . 2003. 云杉天然群体的表型变异［J］. 东北林业大学学报，31（1）：9-11.

王明庥 . 2000. 林木遗传育种学［M］. 北京：中国林业出版社，88-89.

吴裕 . 2008. 浅论植物种质、种质资源、品系和品种的概念及使用［J］. 热带农业科技，31（2）：45-49.

张君鸿，吴裕，毛常丽，等 . 2011. 琴叶风吹楠苗木年生长节律调查［J］. 热带农业科技，34（4）：37-39.

第10章 琴叶风吹楠叶片性状群体变异

10.1 引言

植物叶片是植物将光能转化为化学能的主要器官。植物叶片与植株生物量、植物对资源的获得、利用和利用效率的关系最为密切，能够反映植物适应环境变化所形成的生存对策（Vendramini，2002；Voronin，2003），其中叶片性状的多样性与整个植物和生态系统的结构及功能相关（张林，2004；王英姿，2009）。叶片的表型性状变异亦是植物遗传变异和环境差异的共同反映，在生理生态、森林培育、遗传育种等多个研究领域均有涉及（伊华林，2006；吴文龙，2010；李永荣，2011；张斌斌，2011）。

在第9章我们讨论过琴叶风吹楠苗木生长量的变异式样，本章主要针对叶片的长、宽、面积、叶柄长、宽基距、脉左宽、叶厚、叶脉数、叶尖角、叶基角、比叶面积等性状指标进行变异分析，认识叶片的群体变异式样。

10.2 研究方法

试验地与第8章介绍的相近（第8章和第9章是同一片试验地，位于坡顶，海拔约600 m；本章的试验地位于该坡脚，海拔约550 m；两处水平距离约150 m）。本试验于2014年4—5月从西双版纳州的4个分布点按同一地段内株间距离大于50 m的原则调查采集到8株树的成熟种子，按株行距30 cm × 40 cm直接播种于苗圃地内。苗圃采用遮阴网遮阴，常规育苗管理。各家系采种母树和播种时间信息见表10-1。于2016年5月，每个家系选择20个单株，从一级分枝中部采集健康成熟叶片，每一分枝采集 5 片，每株共计 25 片，带回实验室逐一测定每片叶子的各项性状指标（表 10-2）。同时计算叶柄长 / 叶长、宽基距 / 叶长、脉左宽 / 叶宽、比叶面积、长宽比等参数。

表 10-1　琴叶风吹楠采种母树及播种时间

采种母树编号	采集地点	经度	纬度	海拔 /m	播种时间
20090308	景洪市纳板河	100° 37.000′	22° 10.125′	800	2014 年 4 月 30 日
20090310	景洪市纳板河	100° 39.304′	22° 10.063′	746	2014 年 4 月 30 日
20090511	勐腊县勐仑镇	101° 10.145′	21° 58.794′	979	2014 年 4 月 25 日
20100403	澜沧赛罕大桥	99° 46.956′	23° 12.521′	1 000	2014 年 5 月 11 日
20140438	景洪市纳板河	100° 38.840′	22° 10.189′	817	2014 年 4 月 30 日
20140440	勐腊县勐伴镇	101° 36.069′	21° 50.830′	1 114	2014 年 5 月 3 日
20140453	勐腊县勐仑镇	101° 11.187′	22° 00.000′	960	2014 年 5 月 3 日
20140454	勐腊县勐仑镇	101° 11.100′	21° 58.400′	1 000	2014 年 5 月 3 日

表 10-2　琴叶风吹楠叶片性状指标与测定标准

叶片性状	单位	测定标准	测量工具
叶长	cm	叶基部到叶尖的垂直距离	YMJ-D 叶面积仪
叶宽	cm	叶片最宽处	YMJ-D 叶面积仪
叶面积	cm^2	—	YMJ-D 叶面积仪
叶柄长 / 叶长	—	叶柄长与叶长比值	—
宽基距 / 叶长	—	宽基距与叶长比值	—
脉左宽 / 叶宽	—	脉左宽与叶宽比	—
叶厚	mm	5 片为一组，层叠测量后取平均值	游标卡尺
叶脉数	条	到达叶边缘的左右两侧叶脉总数	—
叶尖角	°	叶尖处叶片边缘与叶片主脉的夹角	量角仪
叶基角	°	叶基部叶片边缘与叶片主脉的夹角	量角仪
比叶面积	cm^2/g	叶面积与叶片干重的比值	—
长宽比	—	叶长与叶宽比值	—
宽基距	cm	叶最宽处距叶基距离	直尺
脉左宽	cm	叶最宽处左缘到主脉的距离	直尺

性状变异特征：统计各性状的平均值、最小值、最大值、变异系数等，用变异系数表示表型性状的离散程度。方差分析和表型分化系数：用 SAS 软件对各数量性状采用巢式设计进行方差分析，线性模型为：$Y_{ijk}=u+S_i+T_{(i)j}+e_{(ij)k}$，式中 Y_{ijk} 为第 i 个群体第 j 个单株第 k 个观测值；u 为总均值；S_i 为群体效应（固定）；$T_{(i)j}$ 为群体内单株效应（随机）；$e_{(ij)k}$ 为试验误差。表型分化系数计算公式：

$V_{st}=\frac{\delta^2_{t/s}}{\delta^2_{t/s}+\delta^2_s}\times 100\%$。式中 $\delta^2_{t/s}$ 为群体间方差分量，δ^2_s 为群体内方差分量，V_{st} 为表型分化系数（陈小勇，1994；操国兴，2003）。运用 SPSS17.0 分析软件做统计分析，其中用 Pearson 相关系数检验叶片各性状之间的相关性及主成分分析法（Principal components）进行因子分析。

10.3 叶片性状家系间及家系内变异

用单株均值对琴叶风吹楠 8 个家系叶片的 14 个表型性状进行了统计分析（表 10-3）。结果表明，家系间叶片性状变化较大，其变幅为 4.75%~30.30%，表现为叶面积（30.30%）> 叶柄长 / 叶长（24.45%）> 叶基角（20.41%）> 比叶面积（15.68%）> 宽基距 / 叶长（15.34%）> 叶长（14.15%）> 宽基距（12.73%）> 叶尖角（11.05%）> 长宽比（10.81%）> 脉左宽（10.71%）> 叶宽（10.59%）> 叶厚（9.32%）> 叶脉数（8.20%）> 脉左宽 / 叶宽（4.75%）。家系间叶面积的变异系数最大（30.30%），变幅为 130.89~211.59 cm^2；叶柄长 / 叶长（24.45%）和叶基角（20.41%）两个叶片性状变异系数也较大；脉左宽 / 叶宽变异系数最小（4.75%），变幅为 0.49~0.50，叶片多为对称叶；叶脉数的变异程度也较小（8.20%），变幅为 17.10~20.27 条；叶长和叶宽的变异程度处于中等水平，叶长是叶宽的 2.13 倍，叶形表现为倒卵状长椭圆形或近提琴形；叶最宽处约位于叶片从叶基到叶尖的 2/3 处，即叶最宽处多在叶片中部到叶片先端的位置变化；叶基角的变异比叶尖角大，基部形态丰富多变，部分叶片基部成近直角，叶基角约为叶尖角的 2 倍，多表现为先端渐尖，基部楔形或圆钝。

各家系内叶片性状变异系数存在一定差异，家系内均值变幅为 8.82%~29.94%，且多数性状表现出家系内变异程度比家系间的要高。少数几个指标如叶面积和叶基角家系间变异程度比家系内高，且这两个性状的变异系数都较大。

表 10-3　琴叶风吹楠家系间及家系内叶片性状离散程度分析

叶片性状	变异特征	采种母树（家系）编号								家系内均值	家系间均值
		20090308	20090310	20090511	20100403	20140438	20140440	20140453	20140454		
叶长	均值 /cm	22.60	24.24	19.87	22.58	25.30	21.20	21.16	25.65	22.82	22.82
	变异系数 /%	13.42	17.51	28.52	9.85	13.17	16.32	17.62	15.97	16.55	14.15
	最小值 /cm	12.79	14.97	11.75	16.28	17.32	12.44	13.83	15.75	14.39	19.87
	最大值 /cm	30.98	34.71	33.23	29.82	35.69	29.04	32.61	33.75	32.48	25.65
叶宽	均值 /cm	10.50	11.23	9.81	10.54	10.75	9.91	10.99	12.27	10.75	10.75
	变异系数 /%	11.85	14.37	16.33	11.76	11.71	13.59	11.03	11.23	12.73	10.59
	最小值 /cm	6.90	9.34	7.13	7.29	7.56	7.34	8.95	8.46	7.87	9.81
	最大值 /cm	13.89	15.90	13.53	15.67	14.25	14.11	15.50	15.99	14.86	12.27
叶面积	均值 /cm	145.39	178.41	130.89	150.99	168.17	139.02	147.82	211.59	159.04	159.04
	变异系数 /%	28.05	31.18	43.87	21.48	27.90	32.06	29.63	25.36	29.94	30.30
	最小值 /cm^2	97.61	103.90	104.43	102.71	105.75	107.94	123.76	113.42	107.44	130.89
	最大值 /cm^2	198.95	337.89	298.41	249.03	311.65	244.87	328.89	340.12	288.73	211.59
叶柄长 / 叶长	均值 /cm^2	0.11	0.11	0.14	0.14	0.10	0.11	0.12	0.10	0.12	0.12
	变异系数 /%	29.30	27.94	34.82	33.15	24.37	24.47	18.56	25.48	27.26	24.45
	最小值 /cm	0.08	0.07	0.09	0.07	0.08	0.08	0.11	0.08	0.08	0.10
	最大值 /cm	0.21	0.25	0.16	0.20	0.14	0.14	0.13	0.12	0.17	0.14
宽基距 / 叶长	均值 /cm	0.58	0.61	0.75	0.55	0.55	0.59	0.66	0.65	0.62	0.62
	变异系数 /%	16.61	19.69	35.93	12.47	11.24	19.81	16.15	21.78	19.21	15.34
	最小值 /cm	0.51	0.49	0.51	0.51	0.53	0.49	0.61	0.57	0.53	0.55
	最大值 /cm	0.66	0.80	0.89	0.79	0.81	0.73	0.73	0.80	0.78	0.75

（续表）

叶片性状	变异特征	采种母树（家系）编号								家系内均值	家系间均值
		20090308	20090310	20090511	20100403	20140438	20140440	20140453	20140454		
脉左宽 / 叶宽	均值 /cm	0.49	0.49	0.49	0.49	0.49	0.50	0.50	0.50	0.49	0.49
	变异系数 /%	12.09	6.82	10.53	7.19	6.93	7.95	5.88	13.16	8.82	4.75
	最小值 /cm	0.31	0.40	0.34	0.48	0.48	0.49	0.49	0.48	0.43	0.49
	最大值 /cm	0.74	0.63	0.72	0.51	0.50	0.53	0.57	0.53	0.59	0.50
叶厚	均值 /mm	0.31	0.26	0.29	0.37	0.29	0.29	0.31	0.30	0.30	0.30
	变异系数 /%	10.18	10.74	8.49	11.91	7.46	8.55	8.67	10.18	9.52	9.32
	最小值 /mm	0.22	0.20	0.21	0.22	0.25	0.22	0.25	0.23	0.23	0.26
	最大值 /mm	0.38	0.36	0.36	0.47	0.36	0.37	0.37	0.39	0.38	0.37
叶脉数	均值 / 条	18.62	18.07	17.94	17.10	19.18	17.88	17.97	20.27	18.38	18.38
	变异系数 /%	11.10	14.16	11.72	11.82	14.32	10.64	10.58	11.78	12.01	8.20
	最小值 / 条	12.87	11.87	12.87	11.87	11.87	13.87	11.87	13.87	12.62	17.10
	最大值 / 条	23.15	24.00	23.15	23.15	24.15	23.00	23.15	26.00	23.72	20.27
叶尖角	均值 /°	33.33	31.23	31.75	36.63	33.94	32.01	31.78	31.88	32.82	32.82
	变异系数 /%	18.66	17.47	21.66	17.78	18.78	14.00	9.07	16.50	16.74	11.05
	最小值 /°	19.61	14.87	14.87	23.87	19.87	19.87	24.87	19.87	19.71	31.23
	最大值 /°	40.78	50.30	57.00	58.00	59.15	46.15	40.15	45.15	49.59	36.63
叶基角	均值 /°	47.74	45.13	42.84	50.44	51.35	58.42	65.64	69.70	53.91	53.91
	变异系数 /%	16.38	15.53	14.88	15.17	17.27	18.45	13.75	17.27	16.09	20.41
	最小值 /°	28.00	29.87	25.87	21.87	31.87	35.87	46.15	44.87	33.05	34.94
	最大值 /°	68.15	63.00	63.00	70.15	80.15	90.00	82.15	90.00	75.83	69.70

（续表）

叶片性状	变异特征	采种母树（家系）编号								家系内均值	家系间均值
		20090308	20090310	20090511	20100403	20140438	20140440	20140453	20140454		
比叶面积	均值 /（cm^2/g）	83.39	87.46	88.03	102.93	79.13	95.94	85.24	108.31	91.30	91.34
	变异系数 /%	23.47	17.40	34.63	12.59	14.37	18.14	19.06	28.78	21.06	15.68
	最小值 /（cm^2/g）	70.74	54.81	62.40	91.73	80.23	79.60	74.99	85.42	74.99	79.13
	最大值 /（cm^2/g）	150.31	121.30	126.43	117.48	118.74	111.20	126.59	133.95	125.63	108.31
长宽比	均值	2.17	2.17	2.03	2.16	2.37	2.15	1.93	2.09	2.13	2.13
	变异系数 /%	12.51	15.39	24.34	10.91	13.39	13.82	16.40	13.22	15.00	10.81
	最小值	1.22	1.35	1.39	2.00	2.04	1.82	1.62	1.89	1.67	1.93
	最大值	2.80	3.07	3.22	2.41	2.67	2.48	2.21	2.29	2.64	2.37
宽基距	均值 /cm	13.06	14.69	13.99	12.45	14.00	12.28	13.87	16.40	13.84	13.84
	变异系数 /%	11.64	14.61	19.72	10.93	14.20	14.73	13.06	13.19	14.01	12.73
	最小值 /cm	7.97	9.87	10.26	6.87	9.67	8.63	10.97	11.97	9.53	12.28
	最大值 /cm	17.50	21.65	24.30	16.25	20.50	17.45	18.75	22.70	19.89	16.40
脉左宽	均值 /cm	5.17	5.54	4.82	5.23	5.29	4.94	5.47	6.09	5.32	5.32
	变异系数 /%	12.84	14.08	16.62	12.57	12.32	14.15	11.33	11.53	13.18	10.71
	最小值 /cm	3.57	3.57	3.07	3.57	3.87	3.07	4.47	4.17	3.67	4.82
	最大值 /cm	9.00	8.15	6.95	8.00	7.00	6.85	7.75	8.00	7.71	6.09

10.4　叶片性状变异来源及分化系数

采用巢式设计方差分析研究了琴叶风吹楠在家系间和家系内两个层次的差异显著性（表 10-4）。可以看出，除脉左宽 / 叶宽在家系内和家系间差异均未达到显著水平外，其余的 13 个叶片性状在家系间和家系内差异均达到极显著水平（$P<0.01$），进一步说明琴叶风吹楠叶片形态在家系间和家系内存在广泛差异。

表 10-4　琴叶风吹楠叶片性状方差分析

性状	均方			F 值	
	家系间	家系内	随机误差	家系间	家系内
叶长	872.009	69.479	9.090	12.550**	7.640**
叶宽	121.755	7.813	1.270	15.580**	6.150**
叶面积	97 423.000	7 058.325	1 278.035	14.530**	5.240**
叶柄长 / 叶长	0.043	0.006	0.001	6.850**	9.120**
宽基距 / 叶长	0.919	0.053	0.013	17.220**	4.250**
脉左宽 / 叶宽	0.002	0.002	0.001	1.030	1.280
叶厚	0.210	0.004	0.000	54.560**	9.050**
叶脉数	203.251	15.516	3.836	13.100**	4.050**
叶尖角	684.759	107.626	23.379	6.360**	4.600**
叶基角	18 656.000	395.141	46.589	47.210**	8.480**
比叶面积	20 372.000	1 283.701	348.690	15.870**	3.680**
长宽比	2.012	0.421	0.067	5.013**	5.831**
宽基距	364.420	16.433	2.688	22.180**	6.110**
脉左宽	31.185	1.936	0.328	16.110**	5.900**

注：** 表示极显著（$P<0.01$）；家系间自由度 df=7，家系内自由度 df=152，误差 df=3840。

按巢式设计方差分量比组成，进一步分析出各方差分量占总变异的比例（表 10-5）。根据 8 个家系 14 个表型性状的平均值，家系间的方差分量占总变异的 21.69%，家系内的占 23.47%，环境随机误差占 54.84%。14 个性状的表型分化系数变幅为 0.74%~72.37%，其中叶基角（72.37%）、叶面积（63.09%）、宽基距（55.90%）、宽基距 / 叶长（51.47%）和比叶面积（50.52%）等 5 个指标家系间表型分化系数大于家系内，但 14 个性状的家系间平均表型分化系数为 43.18%，即有 56.82% 的叶片性状是由家系内变异引起的，所以家系内变异为叶片性状的主要来源。

表 10-5 琴叶风吹楠叶片性状表型分化系数

性状	方差分量			方差分量百分比 /%			表型分化系数 /%
	群体间	群体内	随机误差	群体间	群体内	随机误差	
叶长	4.013	6.039	9.090	20.963	31.549	47.488	39.92
叶宽	0.570	0.654	1.270	22.843	26.240	50.919	46.54
叶面积	943.109	577.425	1362.176	33.416	19.546	47.038	63.09
叶柄 / 叶长	0.000	0.001	0.001	12.830	39.072	48.098	24.72
宽基距 / 叶长	0.004	0.004	0.013	20.652	19.473	59.875	51.47
脉左宽 / 叶宽	0.000	0.000	0.001	0.020	2.680	97.300	0.74
叶厚	0.001	0.001	0.000	28.105	30.645	41.250	47.84
叶脉数	0.939	1.168	3.836	15.797	19.657	64.547	44.56
叶尖角	2.886	8.425	23.379	8.319	24.286	67.395	25.51
叶基角	91.303	34.855	46.589	52.854	20.177	26.970	72.37
比叶面积	95.443	93.501	348.690	17.753	17.391	64.856	50.52
长宽比	0.015	0.030	0.067	17.076	28.866	54.058	33.72
宽基距	1.740	1.375	2.688	29.986	23.659	46.325	55.90
脉左宽	0.146	0.161	0.328	23.037	25.325	51.639	47.63
均值	—	—	—	21.689	23.469	54.840	43.18

结合家系间总体变异程度来看，家系间各叶片性状总体变异系数与表型分化系数有一定的联系，除叶柄长 / 叶长、叶脉数等少数几个指标外，琴叶风吹楠大部分叶片性状都表现为家系间表型分化系数大的相应地变异系数也较大，其中叶基角、叶面积等指标家系间表型分化系数较大对应的变异系数也很大。

10.5 叶片性状相关性分析

由表 10-6 可以看出，决定叶片大小的叶长、叶宽及叶面积 3 个指标两两呈极显著正相关；叶长、叶宽、宽基距和脉左宽等 4 个指标间呈两两极显著正相关，且这些指标与叶尖角及叶基角大多呈显著相关或极显著相关，这一系列指标

表 10-6　琴叶风吹楠叶片各性状相关性分析

性状	叶长	叶宽	叶面积	叶柄长 / 叶长	宽基距 / 叶长	脉左宽 / 叶宽	叶厚	叶脉数	叶尖角	叶基角	比叶面积	长宽比	宽基距
叶宽	0.659**												
叶面积	0.871**	0.858**											
叶柄长 / 叶长	−0.455**	−0.192*	−0.240**										
宽基距 / 叶长	−0.573**	−0.125	−0.353**	0.228**									
脉左宽 / 叶宽	−0.125	−0.091	−0.125	0.136	0.104								
叶厚	−0.022	−0.036	−0.059	0.182*	−0.250**	0.062							
叶脉数	0.405**	0.395**	0.403**	−0.236**	0.070	0.051	−0.089						
叶尖角	0.120	0.242**	0.249**	0.288**	−0.359**	0.034	0.309**	−0.018					
叶基角	0.127	0.410**	0.255**	−0.303**	−0.007	0.158*	0.125	0.298**	0.010				
比叶面积	0.166*	0.234**	0.278**	−0.047	−0.037	0.024	−0.152*	0.015	0.029	0.310**			
长宽比	0.669**	−0.113	0.296**	−0.432**	−0.639**	−0.056	0.004	0.143	−0.075	−0.231**	−0.004		
宽基距	0.571**	0.634**	0.629**	−0.367**	0.331**	−0.021	−0.249**	0.528**	−0.230**	0.171*	0.165*	0.130	
脉左宽	0.628**	0.972**	0.821**	−0.171*	−0.105	0.137	−0.027	0.397**	0.246**	0.441**	0.238**	−0.121	0.626**

注：** 表示极显著（$P < 0.01$），* 表示显著（$P < 0.05$）。

大致决定了叶片的形状；叶厚与大多数指标间相关性不显著，仅与叶尖角、叶基角、比叶面积、宽基距等显著相关，其中，比叶面积与叶厚呈负相关。一般而言较厚的叶片其比叶面积通常小一些，这与前人研究结果一致（Voronin，2003；Meziane，1999），叶厚与这些指标共同决定了叶片的质地。

为了避免信息的大量重叠，由于叶尖角和叶基角可以通过叶长、叶宽、宽基距、脉左宽等指标综合反映。另外，测量脉左宽是为了衡量叶的对称性，用脉左宽 / 叶宽表示，测量宽基距是为了衡量叶的最宽处所处的位置，用宽基距 / 叶长表示。因此，对叶片性状做主成分分析时采用除叶尖角、叶基角、宽基距和脉左宽等之外的其余 10 个性状进行统计分析（表 10-7）。结果表明，第 1、第 2、第 3 个主成分累计贡献率达到 85.507%。根据各指标的特征向量可知，第 1 主成分中叶长、叶宽及叶面积等 3 个变量的系数较大，第 1 主成分是叶片大小的综合体现，且叶长的系数最大，叶片的大小受叶长影响最大；第 2 主成分中宽基距 / 叶长、脉左宽 / 叶宽及长宽比等 3 个变量的系数较大，这 3 个指标大致反映了叶片的形状，具体体现在叶的对称性、叶最宽处所处的位置及叶片形状变化的趋势；第 3 主成分中叶厚和比叶面积等 2 个变量的系数较大，这两个指标综合反映了叶片的质地。

表 10-7　琴叶风吹楠叶片性状主成分分析

项目	特征向量		
	第 1 主成分	第 2 主成分	第 3 主成分
特征根	3.523	2.039	1.670
贡献率 /%	35.225	29.955	20.327
累计贡献率 /%	35.225	65.180	85.507
叶长	0.976	−0.065	0.038
叶宽	0.703	0.605	0.139
叶面积	0.889	0.322	0.124
叶柄长 / 叶长	−0.529	0.213	0.445
宽基距 / 叶长	−0.375	0.632	−0.272
脉左宽 / 叶宽	−0.026	0.899	0.180
叶厚	−0.027	−0.229	0.777
叶脉数	0.475	0.398	−0.274
比叶面积	0.245	0.244	0.730
长宽比	0.598	−0.689	−0.136

10.6　小结

形态表型性状受遗传组成和生态环境等两方面的影响，是生物适应其生存环境的表现形式（杨继，1991），表型性状变异在植物适应策略和进化上有重要意义（Witkowski，1991）。植物群体中保持较大的变异蓄积对群体是有利的，群体内多种基因型所对应的表型范围很广，从而使群体在整体上适应可能遇到的不同的环境条件（Wright，2005）。在植物体表型性状中，叶片性状与植物的营养、生理以及生态因子等密切相关，人们对植物叶片性状的变异情况也做了大量的研究。对于缺少研究基础的物种，通过对其表型性状遗传差异的研究，能够快速揭示该物种的遗传多样性问题。

本研究结果表明，琴叶风吹楠叶片性状在家系间和家系内均存在显著差异（脉左宽 / 叶宽除外）。14 个叶片性状家系内变异系数平均变幅为 8.82%~29.94%，家系间变幅为 4.75%~30.30%，家系内和家系间均存在丰富的叶片表型性状变异。其中，叶面积和叶基角变异程度都比较大，受外界环境影响更为明显，而脉左宽 / 叶宽、叶脉数等变异程度最小，从形态上也能看出属于典型的对称叶、叶脉分布均匀，具有较高的稳定性。居群间的变异能够反映地理与生殖隔离上的差异，同时也是种内多样性的重要组成部分，其值大小在一定程度上反映该生物对不同环境的适应程度，值越大则适应环境的能力越强（李斌，2002）。琴叶风吹楠叶片性状的表型分化程度家系间（43.18%）略低于家系内（56.82%），家系内变异是其主要来源，琴叶风吹楠对生存环境的适应范围相对来说窄一些，这也印证了该树种自然分布区范围窄这一事实。

琴叶风吹楠叶片性状各指标间存在着错综复杂的关系，其中，决定叶片大小的叶长、叶宽及叶面积等指标两两呈极显著正相关；决定叶片形状的叶长、叶宽、宽基距、脉左宽、叶尖角及叶基角等指标间大多两两显著相关；比叶面积与叶厚呈负相关；结合主成分分析结果，大致可以把琴叶风吹楠叶片性状分成 3 大类，即叶片大小、叶片形状和叶片质地。

在本书第 2 章中我们介绍了琴叶风吹楠在云南地区的地理分布情况，其分布区域很窄，种群数量很小。在本书第 4 章、第 9 章我们讨论了琴叶风吹楠果实、种子、苗木生长量性状的变异情况，其果实和种子性状在单株内具良好一致性，而株间差异较大；苗木生长量在家系内的变异程度大于家系间的变异程度。本章研究结果表明叶片性状家系内表型分化程度也略大于家系间的表型分化程度。从表型变异来看，琴叶风吹楠种内蕴藏着丰富的变异。

参考文献

操国兴，钟章成，谢德体，等. 2003. 缙云山川鄂连蕊茶种子形态变异的初步研究［J］. 西南农业大学学报，25（2）：105-107.

陈小勇. 1994. 黄山青冈种子形态变异的初步研究［J］. 种子（5）：16-19.

李斌，顾万春，卢宝明. 2002. 白皮松天然群体种实性状表型多样性研究［J］. 生物多样性，10（2）：181-188.

李永荣，刘永芝，翟敏，等. 2011. 薄壳山核桃品种果质性状变异及选择改良研究［J］. 江苏林业科技，38（3）：6-11.

王英姿，洪伟，吴承祯，等. 2009. 灵石山米槠林优势种群不同叶龄叶属性的研究［J］. 福建林学院学报，29（3）：203-209.

吴文龙，李永荣，方亮，等. 2010. 薄壳山核桃果实性状的遗传变异与相关性研究［J］. 经济林研究，28（3）：25-30.

杨继. 1991. 植物种内形态变异的机制及其研究方法［J］. 武汉植物学研究，9（2）：185-195.

伊华林，荣融. 2006. 柑橘体细胞杂种有性后代叶形态遗传变异研究［J］. 果树学报，23（2）：169-172.

张斌斌，俞明亮，许建兰，等. 2011. 窄叶桃与普通叶片桃杂交子代（F1）光合特性评价及单株选优［J］. 西北农业学报，20（7）：138-142.

张林，罗天祥. 2004. 植物叶寿命及其相关叶性状的生态学研究进展［J］. 植物生态学报，28（6）：844-852.

Meziane D, Shipley B. 1999. Interacting determinants of specific leaf area in 22 herbaceous species: effects of irradiance and nutrient availability［J］. Plant Cell & Environment, 22(5): 447-459.

Witkowski E T F, Lamont B B. 1991. Leaf specific mass confounds leaf density and thickness［J］. Oecologia, 88(4): 486-493.

Wright I J, Reich P B, Cornelissen J H C, *et al*. 2005. Assessing the generality of global leaf trait relationships [J] . New Phytologist, 166(2): 485-496.

Vendramini F, Díaz S, Gurvich D E, *et al*. 2002. Leaf traits as indicators of resource-use strategy in floras with succulent species [J] . New Phytologist, 154(1):147-157.

Voronin P Y, Ivanova L A, Ronzhina D A, *et al*. 2003. Structural and functional changes in the leaves of plants from steppe communities as affected by aridization of the Eurasian climate [J] . Russian Journal of Plant Physiology, 50(5): 604-611.

琴叶风吹楠采集叶样的植株，2016

第11章 琴叶风吹楠叶绿素含量测定

11.1 前言

叶绿素是绿色植物光合作用的基础物质，可反映植物的生长发育、生理代谢和营养状况，干旱胁迫下作物叶片叶绿素含量是衡量作物耐旱性的重要生理指标之一，也直接关系着作物的光合同化过程（赵天宏，2003；袁方，2009）。琴叶风吹楠在云南分布区内主要散生或集生于热带雨林中水分充足的沟谷或洼地，环境湿润，然而在人工种植条件下，或多或少会受到季节性高温干旱胁迫，使生长受到损害，直接表现为叶片发黄，生长缓慢，甚至枯死。

叶绿素含量的测定方法一直沿用 Arnon 法，对于叶绿素含量的计量方法，普遍采用称重法（吕志进，2001；张秋英，2005；麻明友，2006；曾建敏，2009；徐新娟，2013），也有研究者对称重法提出质疑，认为采用叶面积法测定更可靠（许大全，2009；舒展，2010），分别采用以叶片鲜重或是单位面积来表示。选择合适的叶绿素提取液是叶绿素提取成功与否的关键，现有报道，众说纷纭（彭运生，1992；杨敏文，2002；张素霞，2008；潘慧娟，2006；邱念伟，2016），目前常用的提取液有 95% 乙醇、80% 丙酮、丙酮 – 乙醇（1∶1）、丙酮 – 乙醇（2∶1）、二甲基亚砜高温提取等。叶绿素提取完全与否，还与叶片与溶液接触的表面积有关，前人通过对叶片样品进行研磨和不研磨浸泡做了大量实验，研究结论也存在较大分歧（刘绚霞，2004；黄帆，2007；张秀君，2011；冯一峰，2014）。

本章以琴叶风吹楠健康叶片为材料，从取样方法、试剂配比、研磨与不研磨几方面对叶绿素含量提取方法进行比较分析。

11.2 研究方法

试验材料：以第 10 章的植株为材料，于 2016 年 12 月从 8 个家系中选出长势良好的一个家系 2 年生苗木共 30 株进行 SPAD 值测定和叶样采集。丙酮、无水乙醇均为国产分析纯；植物叶绿素含量试剂盒为苏州科铭生物科技有限公司生产；紫外可见光光度计为 UV-2450/2550 型；SPAD 仪为日本 SPAD502Plus 型；1/10000 分析天平。

叶片主脉左右两侧质地比较：对 15 株苗木取样，每株选取 3 片生长健康无病虫害的成熟叶，在叶片中部主脉左右两侧对称取样 3 cm × 5 cm，称鲜重，80℃下烘干至恒重，计算叶片含水量和比叶面积。其中，含水量（%）=（鲜重 – 干重）/ 鲜重 ×100%；比叶面积（cm^2/g）= 面积 / 干重。

叶面积法和称重法的比较：对 30 株苗木采样，每株随机采集 2 片叶用报纸包好带回实验室，同时用手持叶绿素仪 SPAD502 测定叶片的 SPAD 值，重复测定 6 次。在叶片中部，距离叶脉 1 cm 的两侧取样，面积按 1 cm × 5 cm 制样，质量按 0.1 g 制样。将剪碎的叶片放入 25 mL 试管中，再分别加入 4 种参试提取液 10 mL，加塞放置黑暗处，期间轻轻摇动 3 次，待叶片完全变白色时取澄清液于比色皿中，以提取液为对照，测定叶绿素混合液在 645 nm 和 663 nm 波长下的吸光值，分别记为 A_{645} 和 A_{663}，平行测定 3 次。

叶面积法计算公式为：叶绿素 a 含量 =（$12.7A_{663}-2.69A_{645}$）V/1000 × 100/S；叶绿素 b 含量 =（$22.7A_{645}-4.68A_{663}$）V/1000 × 100/S；叶绿素总含量 =（$20.2A_{645}+8.02A_{663}$）V/1000 × 100/S。公式中 A_{645} 和 A_{663} 分别为相应波长的吸光值，V 为提取液的体积（mL），S 为提取叶绿素的叶面积（cm^2）。

秤重法计算公式为：叶绿素 a 含量 =（$12.7A_{663}-2.69A_{645}$）V/1000W；叶绿素 b 含量 =（$22.7A_{645}-4.68A_{663}$）V/1000W；叶绿素总含量 =（$20.2A_{645}+8.02A_{663}$）V/1000W。公式中 A_{645} 和 A_{663} 分别为相应波长的吸光值，V 为提取液的体积（mL），W 为提取叶绿素的叶重量（g）。

不同提取液的比较：提取液分别为 95% 乙醇、80% 丙酮、丙酮 – 乙醇（2 : 1）混合液、科铭公司叶绿素含量提取试剂盒等 4 种。

研磨与不研磨的比较：将叶片剪成 1 cm × 5 cm 的叶样（两种处理，每种处理制备 4 份）。一种用研钵充分研磨，一种不研磨用剪刀剪碎，每份叶样分置于 25 mL 试管中，每种处理分别加入 4 种提取液 10 mL，浸泡提取叶绿素，重复 3 次。

11.3　叶片主脉两侧的质地比较

统计 15 株植株共 45 片叶主脉两侧叶片含水量和比叶面积测定数据于表 11-1。叶片左侧含水量、比叶面积变幅分别为 67.90%~80.89%、125.84~292.97 cm^2/g，右侧变幅分别为 67.00%~81.38%、128.76~288.46 cm^2/g。同一叶片主脉两侧的含水量、比叶面积等指标差异不显著（$P>0.05$）。所以，进行不同提取方法比较时，在主脉两侧对称取样的方法可行。

表 11-1　叶片主脉左右两侧含水量、比叶面积

指标		均值	标准差	极小值	极大值	F 值	*P* 值
含水量 / %	叶左	76.76	2.89	67.90	80.89		
	叶右	76.79	3.01	67.00	81.38	0.003	0.959
	总体	76.78	2.93	67.00	81.38		
比叶面积 / （cm^2/g）	叶左	202.36	38.52	125.84	292.97		
	叶右	203.82	39.71	128.76	288.46	0.032	0.860
	总体	203.09	38.91	125.84	292.97		

11.4　不同提取液光谱比较

对 4 种提取液提取的叶绿素混合液，按 0.2 nm 为梯度进行了波谱扫描（图 11-1）。结果表明试剂盒的吸光度最大，为 1.897 4；95% 乙醇的吸光度最小，为 1.206 9；80% 丙酮溶液和丙酮 – 乙醇（2∶1）混合液的吸光度分别为 1.624 7 和 1.479 2。95% 乙醇提取液样品吸光度最大值所在波长为 659.2 nm；80% 丙酮、丙酮 – 乙醇（2∶1）和试剂盒提取的样品吸光度最大值所在波长依次为 656.8 nm、657.6 nm 和 657.4 nm。前人对叶绿素提取计算公式多根据波长 645 nm 和 663 nm 的吸光值计算（叶济宇，1985；李得孝，2005），本试验吸光值最高峰出现的波长都比 663 nm 要小。

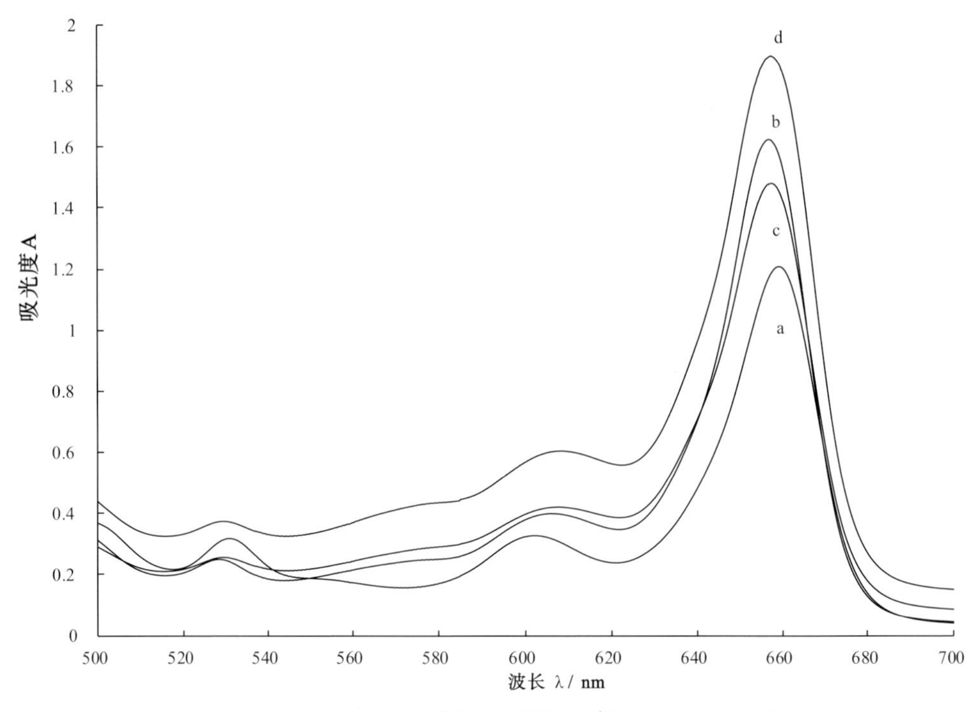

注：a，95% 乙醇　b，80% 丙酮　c，丙酮—乙醇（2∶1）　d，试剂盒

图 11–1　不同提取液的光谱图

11.5　叶面积法与称重法测定结果比较

剔除异常值后，将保留的 23 株苗木用叶面积法和称重法提取叶绿素含量及 SPAD 值测定结果列于表 11-2。叶面积法计算的总叶绿素含量变幅为 4.8140~7.8464 mg/dm^2，平均为 6.288 4 mg/dm^2；称重法计算的总叶绿素含量变幅为 1.8868~3.2334 mg/g，平均为 2.626 7 mg/g；SPAD 值的变幅为 50.73~68.57，平均为 57.48。由于两种方法计算结果量纲不同，无法对数值进行简单比较，故试图通过与 SPAD 值进行相关性比较找出较优方案。

表 11-2　叶面积法和称重法提取叶绿素含量测定值及 SPAD 值

样品编号	叶面积法 /（mg/dm^2）			称重法 /（mg/g）			SPAD 值
	叶绿素 a	叶绿素 b	叶绿素 T	叶绿素 a	叶绿素 b	叶绿素 T	
1	3.80	4.06	7.85	1.37	1.53	2.91	68.57
2	3.33	3.40	6.72	1.21	1.30	2.50	63.17

（续表）

样品编号	叶面积法 /（mg/dm²）			称重法 /（mg/g）			SPAD 值
	叶绿素 a	叶绿素 b	叶绿素 T	叶绿素 a	叶绿素 b	叶绿素 T	
3	2.37	2.45	4.81	0.97	1.01	1.98	52.80
4	3.16	3.05	6.21	1.30	1.27	2.57	58.27
5	3.67	3.65	7.31	1.49	1.51	3.00	60.53
6	2.53	2.50	5.03	1.05	1.10	2.15	54.30
7	2.84	3.10	5.94	1.08	1.17	2.25	56.33
8	2.39	2.47	4.85	0.92	0.97	1.89	50.73
9	3.14	3.51	6.65	1.37	1.56	2.93	56.23
10	2.60	2.98	5.58	1.07	1.25	2.32	50.80
11	3.38	3.70	7.08	1.12	1.24	2.36	63.43
12	2.98	3.36	6.34	1.40	1.55	2.95	60.47
13	3.47	3.64	7.10	1.24	1.29	2.53	62.17
14	2.96	3.33	6.29	1.53	1.70	3.23	55.10
15	2.64	3.09	5.73	1.34	1.53	2.87	52.67
16	3.57	4.16	7.73	1.45	1.70	3.15	62.40
17	3.10	2.49	5.60	1.30	1.02	2.32	60.43
18	2.70	2.36	5.05	1.44	1.37	2.82	52.93
19	3.24	3.57	6.80	1.26	1.41	2.67	55.60
20	2.58	2.99	5.57	1.19	1.35	2.54	55.73
21	3.12	3.38	6.50	1.33	1.45	2.78	57.17
22	3.32	3.66	6.98	1.40	1.56	2.96	58.30
23	3.19	3.71	6.90	1.27	1.45	2.72	53.87
均值	3.05	3.24	6.29	1.27	1.36	2.63	57.48

将叶绿素各含量值与 SPAD 值进行相关性分析列于表 11-3。叶面积法计算的叶绿素 a、叶绿素 b 和总叶绿素含量均与 SPAD 值呈极显著正相关（$P < 0.01$），相关系数分别为 0.843、0.649、0.763。称重法计算的叶绿素 a 和总叶绿素含量与 SPAD 值呈显著正相关（$P < 0.05$），相关系数分别为 0.369 和 0.334，而与叶绿素 b 含量相关性不显著（$P > 0.05$）。由此可见，叶面积法测得数据与 SPAD 值

的相关性要好于称重法，前者相关系数远大于后者。

表 11-3　叶面积法、称重法提取叶绿素含量与 SPAD 值相关性

指标	叶面积法			称重法		
	叶绿素 a	叶绿素 b	叶绿素 T	叶绿素 a	叶绿素 b	叶绿素 T
叶绿素 b	0.845**	—	—	0.846**	—	—
叶绿素 T	0.950**	0.970**	—	0.951**	0.970**	—
SPAD	0.843**	0.649**	0.763**	0.369*	0.282	0.334*

11.6　不同提取液提取叶绿素的结果比较

基于叶面积法和称重法，对 15 株苗木叶样 4 种提取液提取的叶绿素含量测定结果列于表 11-4。表内 4 种提取液的叶面积法、称重法测得的叶绿素 a、叶绿素 b 和总叶绿素含量的差异均达极显著水平（$P < 0.01$）；其含量大小排序为：试剂盒 > 丙酮 – 乙醇（2 : 1）> 80% 丙酮 > 95% 乙醇；80% 丙酮和丙酮 - 乙醇（2 : 1）两种提取液的叶面积法所得叶绿素 b 含量相近。多重比较结果表明，加入了丙酮试剂的 3 种提取液提取的叶绿素含量无显著差异（除叶面积法 80% 丙酮外），而单纯用 95% 乙醇直接提取的效果均不理想。

11.7　研磨和不研磨对提取效果的比较

基于叶面积法对研磨和不研磨处理的 4 种提取液提取的叶绿素含量列于表 11-5。以 95% 乙醇为提取液所得的叶绿素 a、叶绿素 b 和总叶绿素含量在研磨与不研磨间差异达到极显著水平（$P < 0.01$），研磨处理的总叶绿素含量均值为 6.088 mg/dm^2，不研磨的为 2.698 mg/dm^2；以 80% 丙酮为提取液所得的叶绿素 a 和总叶绿素含量在研磨和不研磨间差异达到显著水平（$P < 0.05$），而叶绿素 b 差异未达显著水平（$P > 0.05$），研磨的叶绿素总含量为 7.057 mg/dm^2，不研磨的为 5.969 mg/dm^2；以丙酮 – 乙醇（2 : 1）为提取液所得的叶绿素 a、叶绿素 b 和总叶绿素含量在研磨与不研磨间差异达到显著水平（$P < 0.05$），研磨的叶绿素总含量为 7.231 mg/dm^2，不研磨的为 5.627 mg/dm^2；以试剂盒为提取液所得的叶绿素 a、叶绿素 b 和总叶绿素含量在研磨和不研磨间差异未达显著水平（$P > 0.05$）。无

表 11-4　不同提取液提取叶绿素含量

指标	试剂	叶面积法 /（mg/dm^2）				称重法 /（mg/g）			
		均值	标准差	极小值	极大值	均值	标准差	极小值	极大值
叶绿素 a	95% 乙醇	2.2622C	0.1958	1.9279	2.5580	0.9878B	0.1532	0.7887	1.2668
	80% 丙酮	2.8552B	0.3221	2.3630	3.3995	1.1839A	0.1519	0.9773	1.5127
	丙酮 – 乙醇（2：1）	2.9448AB	0.3347	2.3965	3.4907	1.3075A	0.1946	1.0321	1.6787
	试剂盒	3.1801A	0.3600	2.6097	3.6602	1.3316A	0.2138	0.9930	1.6818
	均值	2.8106**	0.4553	1.9279	3.6602	1.2027**	0.2230	0.7887	1.6818
叶绿素 b	95% 乙醇	1.7063B	0.1912	1.3467	2.0570	0.7475B	0.1434	0.5726	0.9995
	80% 丙酮	3.1069A	0.3521	2.4922	3.6243	1.2934A	0.2046	1.0307	1.6526
	丙酮 – 乙醇（2：1）	3.0575A	0.4296	2.2964	3.6315	1.3620A	0.2603	0.9890	1.8073
	试剂盒	3.4156A	0.4938	2.6174	4.1827	1.4353A	0.2919	0.9960	1.9329
	均值	2.8216**	0.7619	1.3467	4.1827	1.2095**	0.3550	0.5726	1.9329
叶绿素 T	95% 乙醇	3.9686B	0.3746	3.2746	4.5475	1.7353B	0.2942	1.3703	2.2337
	80% 丙酮	5.9621A	0.6555	4.8553	7.0239	2.4773A	0.3521	2.0080	3.1653
	丙酮 – 乙醇（2：1）	6.0023A	0.7522	4.6928	7.1154	2.6695A	0.4522	2.0210	3.4860
	试剂盒	6.5956A	0.8425	5.2271	7.8028	2.7669A	0.5041	1.9890	3.6057
	均值	5.6322**	1.2000	3.2746	7.8028	2.4122**	0.5702	1.3703	3.6057

论是否研磨处理，95% 乙醇提取的叶绿素含量值都是最小的，而另外 3 种的差异不大。值得指出的是，通过研磨处理后 95% 乙醇与其他 3 种提取液所得叶绿素含量的差异大大缩小。

表 11-5　研磨与不研磨处理所提取的叶绿素含量

试剂	指标	处理方法	均值 /（mg/dm^2）	标准差	F 值	*P* 值
95% 乙醇	叶绿素 a	研磨	3.390	0.393	11.039	0.011
		不研磨	1.522	1.194		
		均值	2.456	1.293		
	叶绿素 b	研磨	2.699	0.443	15.162	0.005
		不研磨	1.176	0.754		
		均值	1.937	0.992		
	叶绿素 T	研磨	6.088	0.829	12.859	0.007
		不研磨	2.698	1.945		
		均值	4.393	2.276		
80% 丙酮	叶绿素 a	研磨	3.345	0.434	5.548	0.046
		不研磨	2.833	0.220		
		均值	3.089	0.422		
	叶绿素 b	研磨	3.712	0.544	4.455	0.068
		不研磨	3.136	0.275		
		均值	3.424	0.507		
	叶绿素 T	研磨	7.057	0.966	5.238	0.050
		不研磨	5.969	0.443		
		均值	6.513	0.912		
丙酮－乙醇（2∶1）	叶绿素 a	研磨	3.538	0.488	9.105	0.017
		不研磨	2.745	0.328		
		均值	3.141	0.573		
	叶绿素 b	研磨	3.693	0.552	6.045	0.039
		不研磨	2.882	0.489		
		均值	3.287	0.651		
		研磨	7.231	1.030		

（续表）

试剂	指标	处理方法	均值 /（mg/dm²）	标准差	F 值	*P* 值
	叶绿素 T	不研磨	5.627	0.798	7.576	0.025
		均值	6.429	1.212		
		研磨	3.503	0.562		
	叶绿素 a	不研磨	2.804	0.321	5.828	0.052
		均值	3.154	0.567		
		研磨	3.775	0.719		
试剂盒	叶绿素 b	不研磨	2.947	0.511	4.417	0.069
		均值	3.361	0.732		
		研磨	7.278	1.267		
	叶绿素 T	不研磨	5.751	0.814	5.148	0.053
		均值	6.515	1.287		

11.8　小结

不同叶片因其含水量不同，导致通过称重来取样可能误差很大。本章针对琴叶风吹楠进行叶面积法和称重法比较，结果表明叶面积法提取叶绿素含量与 SPAD 值相关性要大于称重法，说明叶面积法提取叶绿素含量要优于称重法，且叶面积法操作更简单、快捷，对大样本测定可操作性更强。

试剂盒、丙酮 – 乙醇（2∶1）和 80% 丙酮提取叶绿素含量较高，比单一 95% 乙醇的提取效果好。以往的很多研究认为研磨法提取效果不如直接浸泡法，而本研究中，单一 95% 乙醇配合研磨法能达到一个不错的效果。丙酮属于有毒试剂，95% 乙醇相对安全，如果方法允许在一定程度上延长浸泡时间，则通过研磨再用 95% 乙醇浸泡是一个比较理想的选择，而最合适的浸泡时间条件需进一步研究。

琴叶风吹楠叶绿素含量提取宜采用叶面积法，样品通过研磨以丙酮与乙醇（2∶1）混合液为提取剂，该方法丙酮用量少、提取时间短、提取效果好。本次研究测得的叶绿素 a 和叶绿素 b 含量相差不大，这与大部分研究报道有所不同（陈福明，1984；邓白罗，2010；张宇斌，2013；文爱华，2015），贺庆梅

（2015）等研究表明菜椒的叶绿素 a 含量低于叶绿素 b 含量。本试验采样时间为年底，是否叶绿素含量偏低与低温干旱有关，尚需研究。波谱扫描显示，不同提取液最大吸光度在波长 656.8~659.2 nm 之间，而在含量计算时，采用传统的方法，即根据波长 645 nm 和 663 nm 的吸光值，这也可能是本试验测得叶绿素含量偏小和叶绿素 a/b 比值不大的原因之一。

参考文献

陈福明，陈顺伟 . 1984. 混合液法测定叶绿素含量的研究［J］. 林业实用技术，（2）：21-25，38.

邓白罗，张丽娜，王森 . 2010. 华中五味子叶绿素含量分析［J］. 中南林业科技大学学报，30（11）：65-68.

冯一峰，王艳，唐都，等 . 2014. 红枣叶片叶绿素提取方法的比较［J］. 中国酿造，33（6）：50-53.

贺庆梅，杨晓清，李世标，等 . 2015. 5 种市场常见辣椒叶绿素含量的比较［J］. 大众科技，17（4）：48-49.

黄帆，郭正元，徐珍 . 2007. 测定浮萍叶绿素含量的方法研究［J］. 实验技术与管理，24（5）：29-31.

李得孝，郭月霞，员海燕，等 . 2005. 玉米叶绿素含量测定方法研究［J］. 中国农学通报，21（6）：153-155.

刘绚霞，董振生，刘创社，等 . 2004. 油菜叶绿素提取方法的研究［J］. 中国农学通报，20（4）：62-63.

吕志进，张斌，房志仲 . 2001. 广谱型农药增效剂（助杀灵）对植物生长的影响［J］. 中草药，32（5）：459-460.

麻明友，麻成金，肖桌柄，等 . 2006. 猕猴桃叶中叶绿素的提取研究［J］. 食品工业科技，27（6）：140-143.

潘慧娟 . 2006. 不同溶剂对蚕沙中叶绿素提取效果的影响［J］. 杭州师范大学学报（自然科学版），5（1）：50-52.

彭运生，刘恩 . 1992. 关于提取叶绿素方法的比较研究［J］. 中国农业大学学报，3（3）：247-250.

邱念伟，王修顺，杨发斌，等 . 2016. 叶绿素的快速提取与精密测定［J］. 植物学报，51（5）：667-678.

舒展，张晓素，陈娟，等 . 2010. 叶绿素含量测定的简化［J］. 植物生理学报，46（4）：399-402.

文爱华，刘济明，高攀，等 . 2015. 自然干旱胁迫对米槁幼苗叶片显微结构及叶绿素含量的影响［J］. 北方园艺，（14）：62-66.

徐新娟，李勇超，张尚攀，等 . 2013. 两种叶绿素提取方法的比较［J］. 湖北农业科学，52（21）：5303-5304.

许大全 . 2009. 叶绿素含量的测定及其应用中的几个问题［J］. 植物生理学报，45（9）：896-898.

杨敏文 . 2002. 快速测定植物叶片叶绿素含量方法的探讨［J］. 光谱实验室，19（4）：478-481.

叶济宇 . 1985. 关于叶绿素含量测定中的 Arnon 计算公式［J］. 植物生理学报，21（6）：71.

袁方，李鑫，余君萍，等 . 2009. 分光光度法测定叶绿素含量及其比值问题的探讨［J］. 植物生理学报，45（1）：63-66.

张秋英，李发东，刘孟雨 . 2005. 冬小麦叶片叶绿素含量及光合速率变化规律的研究［J］. 中国生态农业学报，13（3）：95-98.

张素霞 . 2008. 菠菜叶中叶绿素提取工艺研究［J］. 中国食物与营养，（5）：40-43.

张秀君，孙钱钱，乔双，等 . 2011. 菠菜叶绿素提取方法的比较研究［J］. 作物杂志，（3）：57-60.

张宇斌，张永兰，蹇毅，等 . 2013. 不同提取液对蓝莓叶绿素提取效果的影响［J］. 贵州农业科学，41（2）：45-46.

赵天宏，沈秀瑛，杨德光，等 . 2003. 水分胁迫及复水对玉米叶片叶绿素含量和光合作用的影响［J］. 杂粮作物，23（1）：33-35.

曾建敏，姚恒，李天福，等 . 2009. 烤烟叶片叶绿素含量的测定及其与 SPAD 值的关系［J］. 分子植物育种，7（1）：56–62.

光合生理测定，2017

第12章 风吹楠研究概述

12.1 引言

风吹楠属（*Horsfieldia*）含85~100种，大至分布于“印度—中南半岛—菲律宾—巴布亚新几内亚”一带，与肉豆蔻属（*Myristica*）的分布区基本重合，我国云南、广西、广东、海南热区有分布（中国植物志编辑委员会，1979；王荷生，1992；吴征镒，2003；Wu，2008）。

云南野生风吹楠的学名在《云南植物志》和《Flora of China》中记为 *Horsfieldia amygdalina*，在《中国植物志》和《中国树木志》中记为 *Horsfieldia glabra*（云南省植物研究所，1977；中国植物志编辑委员会，1979；郑万钧，1983；Wu，2008）。云南野生的风吹楠形态特征与国内其他几个种的区别清晰，这里不讨论本种的分类学问题。本章主要介绍云南野生风吹楠的资源分布、生物学特征、种子脂肪酸成分、繁殖与苗木生长情况，为以后的研究者提供参考。

12.2 风吹楠资源调查

根据《云南植物志》《中国植物志》《Flora of China》《中国树木志》《西双版纳国家级自然保护区》《西双版纳纳板河流域国家级自然保护区》《中国南滚河国家级自然保护区》《糯扎渡自然保护区》等的记录，风吹楠分布于越南、缅甸、印度、泰国，中国海南、广西、云南等。风吹楠在云南耿马、沧源、勐海、景洪、勐腊、翠云、绿春、金平、河口等地海拔1 200 m以下地区有野生分布（云南省植物研究所，1977；中国植物志编辑委员会，1979；郑万钧，1983；杨宇明，2004；云南省林业厅，2004；西双版纳国家级自然保护区管理局，2006；杨宇明，2006；云南省环境保护局，2006；Wu，2008）。本次调查在沧源、勐海、景洪、勐腊等地发现有野生分布，但是资源量很少（图 12-1）。

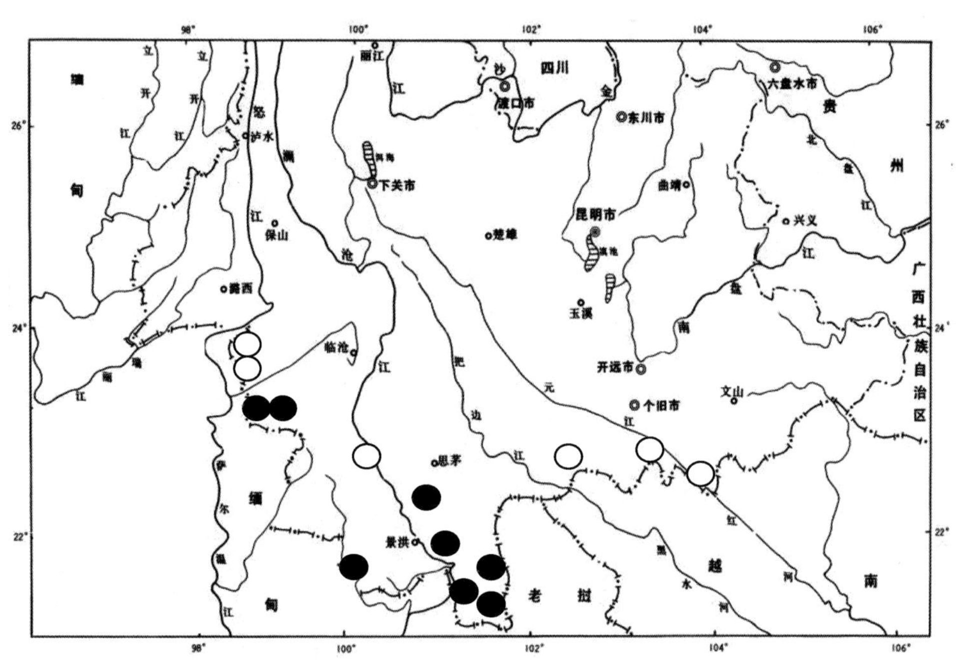

图 12-1　云南野生风吹楠地理分布示意

○文献记录有分布，本次调查未发现；●本次调查有分布，文献也有记录

从地形看，风吹楠主要分布于山坡或山脊的疏林中，而琴叶风吹楠、大叶风吹楠和云南肉豆蔻只分布于湿润的凹地或沟谷密林中，分布环境有着明显区别。从群落类型看，风吹楠主要分布于热带季节雨林、热带山地雨林和石灰山季雨林中，向季风常绿阔叶林过渡的类型，海拔相对较高，环境相对干燥，树木相对稀疏，常与壳斗科（Fagaceae）植物混生。在沧源县南滚河流域（班洪乡芒库村）发现一个小群落位于海拔 1200 m 的山脊上，环境较干燥，与壳斗科植物混生，小苗、小树和大树共存，位于自然保护区内，是比较完好的群落（图 12-2、图 12-3）。

图 12-2　风吹楠　大树
（沧源班洪山脊，2014）

图 12-3　风吹楠　大树
（沧源班洪中坡，2014）

勐海县打洛镇散生单株分布于海拔 700 m 的壳斗科植物林中（图 12-4），由于人类活动频繁，种群发展受到破坏。在西双版纳地区，野生资源主要分布于勐腊县和景洪市的自然保护区内山坡疏林中（图 12-5）。云南省热带作物科学研究

图 12-4　风吹楠
（大树，勐海打洛缓坡，2014）

图 12-5　风吹楠
（小树，勐腊南沙河中坡，2014）

所（景洪城区）和云南省林业科学院热带林业研究所（景洪普文）有人工保存（图 12-6）。

图 12-6　风吹楠（人工林，景洪普文，2014）

本次研究从景洪市、勐海县、沧源县共采集了 7 株树的种子进行分析和播种繁殖。采种母树基本信息列于表 12-1。

表 12-1　风吹楠采种母树基本信息

家系编号	采集地点	经度	纬度	海拔 /m	坡位
20090501	景洪市景洪镇	100° 47.000′	22° 00.000′	540	平地
20140424	勐海县打洛镇	100° 02.391′	21° 40.664′	660	缓坡
20140473	沧源县班洪乡	99° 05.333′	23° 18.343′	974	中坡
20140474	沧源县班洪乡	99° 05.333′	23° 18.343′	974	中坡
20140476	沧源县班洪乡	99° 02.159′	23° 13.770′	1 200	山脊
20140477	沧源县班洪乡	99° 02.159′	23° 13.770′	1 200	山脊
20140488	景洪市景洪镇	100° 46.996′	22° 00.000′	540	平地

12.3　风吹楠生物学特征

风吹楠为常绿乔木，高 10~20 m，胸径 20~40 cm，主干直，侧枝平展，较细。叶坚纸质，椭圆状披针形或长椭圆形，长 12~18 cm，宽 3~6 cm，先端急尖或渐尖，基部楔形，两面无毛。雌雄异株。雄花序腋生或生于落叶之叶腋，圆锥状，长 8~15 cm，分叉稀疏（图 12-7、图 12-8）；雌花序通常生于老枝叶腋，长 3~6 cm，花梗粗壮，长 1~3 mm（图 12-9、图 12-10）。成熟果序长达 10 cm，但果实数少，一般 1~3 个；成熟果实卵圆形至椭圆形，长 3~4 cm，宽 2~3 cm，橙黄色，基部或多或少下延成短柄（图 12-11 至图 12-14）；假种皮橙红色。种子多数为卵形，淡红褐色，平滑，种皮具纤细脉纹；胚和发芽孔位于种子近中部；从发芽孔至种子基部具一长条形疤痕（图 12-15、图 12-16）；种子萌发之初，幼茎具 3~5 片初生不育叶，称为鳞叶（图 12-17）；花期 8—10 月，果实翌年 3—6 月成熟。

图 12-7　风吹楠
（雄花枝，已成熟，2015）

图 12-8　风吹楠
（雄花序，未成熟，2012）

图 12-9　风吹楠
（雌花枝，已成熟，2015）

图 12-10　风吹楠
（雌花序，已成熟，2012）

图 12-11　风吹楠（结实初期，2012）

图 12-12　风吹楠（未熟果实，2014）

图 12-13　风吹楠（未熟果序，2014）

图 12-14　风吹楠（成熟果序，2014）

图 12-15　风吹楠（卵圆形种子，2009）

图 12-16　风吹楠（长卵形种子，2014）

图 12-17　风吹楠（种子萌发动态，2009）

12.4　风吹楠种子含油率及脂肪酸成分

2009 年 5 月采集 20090501 号植株种子，7 月测定种子长为 21.3~26.9 mm，平均 24.03 mm，种子出仁率为 83.50%，种仁含油率为 61.99%；2014 年 4—5 月采集 20090501、20140473、20140474、20140488 号植株种子，6 月测定种仁含油率为 40.97%~50.56%（表 12-2），油在常温下为棕红色固体（图 12-18）。据《中国植物志》和《Flora of China》记载，种子含油率为 29%~33%，《云南植物志》记载为 28.7%，李延辉（1980）报道的种子含油率为 37.78%。上述文献中，只记录"种子含油率"，关于出仁率则没有提及。需要说明的是，20090501 号植株 2009 年的种仁含油率为 61.99%，而 2014 年的种仁含油率为 45.27%，2009 年的同一批种子贮藏到 2014 年测定种仁含油率为 51.75%，种子贮藏 5 年后含油率下降是普遍现象，也就说明 20090501 号植株 2009 年产的种子含油率最高，2014 年的种子与其他植株的差异不大，但是没有测定其他植株 2009 年的种仁含油率（表 12-2）。

表 12-2　风吹楠种子大小及含油率

植 株	采种时间	种子数 / 粒	种子长度 /mm		种子宽度 /mm		种仁含油率 /%
			平均值	变异幅度	平均值	变异幅度	
20090501	2009 年 5 月	30	24.03	21.3~26.9	16.71	15.6~18.0	61.99%
20090501	2014 年 4 月	—	—	—	—	—	45.27%
20140473	2014 年 5 月	15	31.79	29.2~33.2	18.45	17.3~19.6	40.97%
20140474	2014 年 5 月	18	24.37	22.1~26.2	18.53	17.0~20.3	50.56%
20140488	2014 年 4 月	23	27.90	24.4~29.8	15.40	12.7~16.6	46.20%
总 体	/	—	26.49	21.3~33.2	17.05	12.7~20.3	49.46%

注：—表示未测定；/ 表示无数据

本研究通过 GC/MS 检测到风吹楠的种仁油都含有 15 种脂肪酸（表 12-3），分别为：癸酸（10：0）、十一烷酸（11：0）、十二烷酸（12：0）、十三烷酸（13：0）、十四碳烯酸（14：1）、十四烷酸（14：0）、十六碳烯酸（16：1）、十六烷酸（16：0）、十八碳二烯酸（18：2）、十八碳烯酸（18：1）、十八烷酸

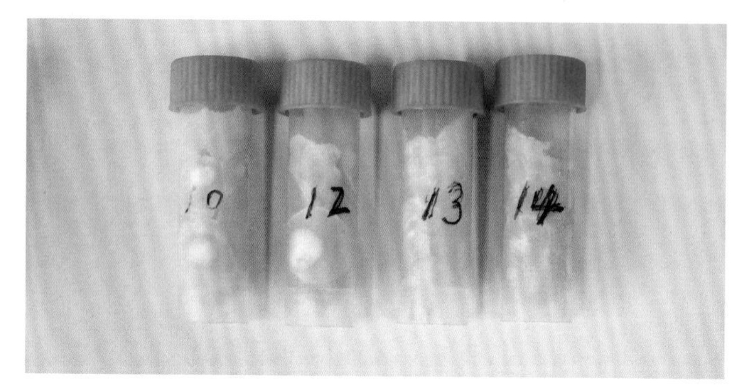

图 12–18　风吹楠（油脂常温下棕红色固体，2014）

（18：0）、二十碳烯酸（20：1）、二十二烷酸（22：0）、二十四烷酸（24：0）、9- 苯基壬酸。其中，十四碳烯酸和十八碳烯酸存在异构现象，在个别样品中发现极微量的辛酸或二十烷酸。

表 12-3　风吹楠脂肪酸成分及其结构式

序号	脂肪酸名称	结 构 式
1	癸酸，10：0	癸酸（10:0）
2	十一烷酸，11：0	十一烷酸（11:0）
3	十二烷酸（月桂酸），12：0	十二烷酸（12:0）
4	十三烷酸，13：0	十三烷酸（13:0）
5	十四碳烯酸，14：1（9） 十四碳烯酸（异构），14：1（11）	十四碳烯酸（异构）［14:1（11）］
6	十四烷酸（肉豆蔻酸），14：0	十四烷酸（14:0）

（续表）

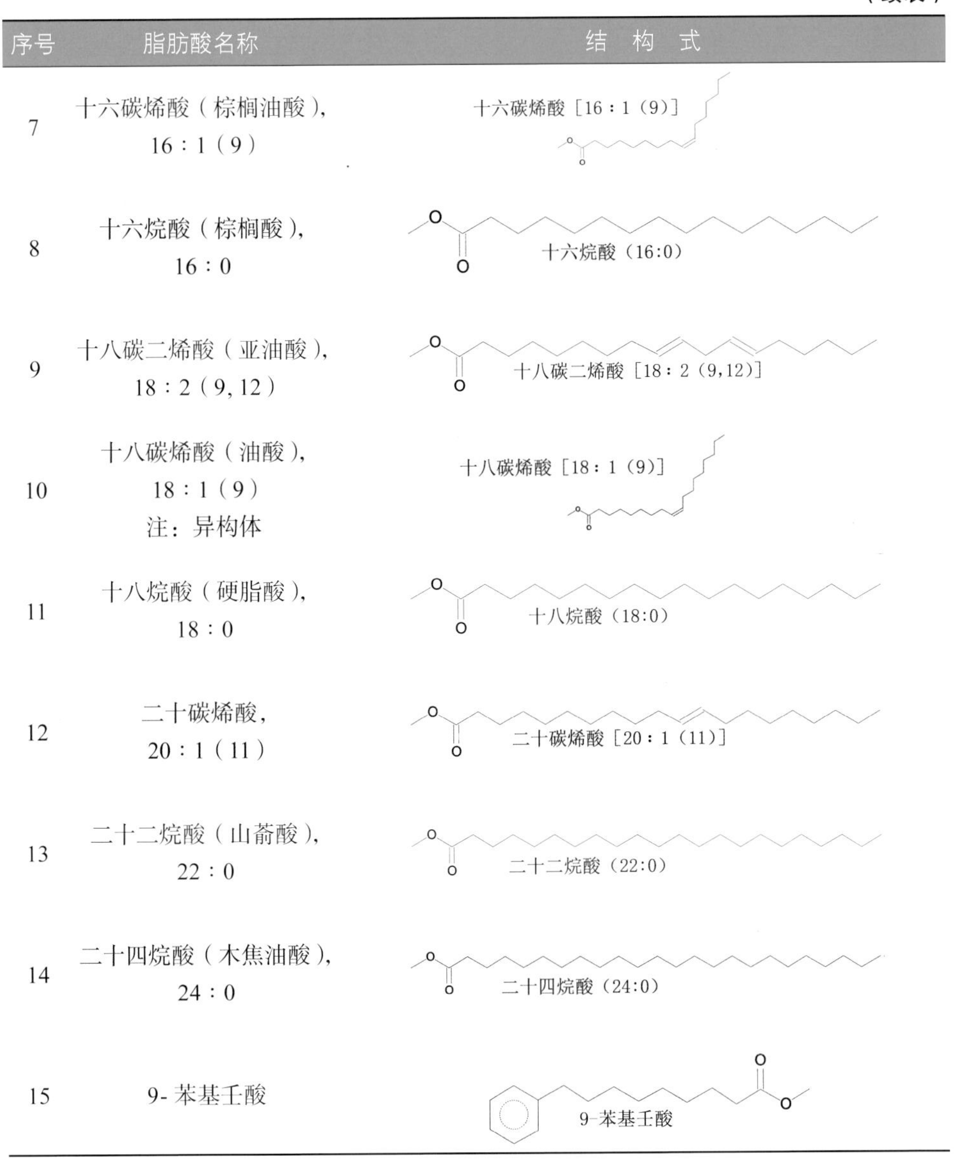

序号	脂肪酸名称	结构式
7	十六碳烯酸（棕榈油酸），16：1（9）	十六碳烯酸［16：1（9）］
8	十六烷酸（棕榈酸），16：0	十六烷酸（16:0）
9	十八碳二烯酸（亚油酸），18：2（9, 12）	十八碳二烯酸［18：2（9,12）］
10	十八碳烯酸（油酸），18：1（9）注：异构体	十八碳烯酸［18：1（9）］
11	十八烷酸（硬脂酸），18：0	十八烷酸（18:0）
12	二十碳烯酸，20：1（11）	二十碳烯酸［20：1（11）］
13	二十二烷酸（山萮酸），22：0	二十二烷酸（22:0）
14	二十四烷酸（木焦油酸），24：0	二十四烷酸（24:0）
15	9- 苯基壬酸	9–苯基壬酸

分析脂肪酸相对含量数据，发现十二烷酸相对含量为 43.64%~52.12%，十四烷酸相对含量为 38.53%~47.47%，十六烷酸为 3.09%~4.16%，十八碳烯酸为 1.77%~3.53%，其余脂肪酸相对含量都不足 1%。其中，十二烷酸和十四烷酸总含量为 89.31%~92.71%，风吹楠油的脂肪酸主要为饱和脂肪酸，化学性质比较稳定，种子贮藏 5 年后脂肪酸成分几乎没有变化（表 12-4）。

表 12-4　风吹楠种子脂肪酸相对含量

/%

序号	化合物	20090501-A	20090501-B	20090501-C	20140473	20140474	20140488
1	癸酸	0.67	0.51	0.50	0.64	0.52	0.55
2	十一烷酸	—	0.02	0.01	0.02	0.01	0.02
3	十二烷酸（月桂酸）	47.20	44.87	43.64	52.12	47.20	44.53
4	十三烷酸	0.19	0.22	0.18	0.18	0.18	0.24
5	十四碳烯酸	0.09	0.24	0.35	0.17	0.16	0.06
6	十四烷酸（肉豆蔻酸）	45.33	47.47	45.67	38.53	45.51	45.38
7	十六碳烯酸	0.05	0.08	0.14	0.09	0.02	0.09
8	十六烷酸（棕榈酸）	3.09	3.18	4.09	3.81	3.30	4.16
9	十八碳二烯酸（亚油酸）	0.50	0.41	0.77	0.89	0.75	0.99
10	十八碳烯酸（油酸）	2.30	2.01	3.53	2.72	1.77	3.12
11	十八烷酸（硬脂酸）	0.28	0.28	0.36	0.23	0.19	0.35
12	二十碳烯酸	0.04	—	0.06	0.04	0.03	0.05
13	二十二烷酸（山嵛酸）	0.02	0.03	0.04	0.03	0.02	0.04
14	二十四烷酸	0.06	0.06	0.07	0.05	0.03	0.06
15	9- 苯基壬酸	0.12	—	—	—	—	—

注：20090501-A 为 2009 年采种，当年测定；20090501-B 为 2009 年采种，2014 年测定；20090501-C 为 2014 年采种，当年测定；—表示相对含量极小。

12.5　风吹楠繁殖试验

于 2009 年 5 月 5 日人工采摘成熟果实，随机分成 4 份（不等量），其中 1 份整个果实（记为“留皮”）沙床播种，1 份整个果实土壤播种，2 份手工剥去果皮和假种皮（记为“去皮”）后分别于沙床和土壤播种。播种的沙床和土壤均用遮荫网遮阳，播种后根据天气情况浇水，确保种子不受干旱胁迫。随时观察萌发情况，记录数据。对土壤播种的苗木每月底调查 1 次株高和地径，进行生长量对比分析。

去皮种子沙床播种后 30d，大部分种子幼茎伸出沙面，40d 开始展叶，土壤播种的 60d 全部出土；整个果实土壤播种的出土时间相对滞后，到 90d 才出土完成。风吹楠种子呈卵圆形，胚位于种子近中部，播种时如果种子发芽孔向下或向上都会导致幼苗发育受阻，所以播种时要保证种子侧卧或者直立。观察发现，种子胚根先伸出发芽孔，待胚根长到 1~2cm 长时，胚芽才开始生长（图 12-17）。风吹楠种子萌发过程与琴叶风吹楠有些相似，但幼苗特征明显不同。风吹楠主茎基部具鳞叶 3~5 片或更多，而琴叶风吹楠不具鳞叶。

将留皮种子和去皮种子在 2 种基质中的萌发率统计于表 12-5。留皮种子在土壤播种时，萌发率达 90.52%，但在沙床播种仅有 12.64%，差异达到极显著水平（$P< 0.001$）；去皮种子在沙床和土壤播种萌发率分别为 64.81% 和 68.75%，差异不显著（$P> 0.05$）。留皮种子土壤播种萌发率极显著高于去皮种子在 2 种基质中的萌发率（$P< 0.001$），而留皮种子在沙床中的萌发率又远远低于其他 3 种播种方式（$P< 0.001$）。据报道，新鲜种子土壤播种萌发率为 88%，本试验最高萌发率为 90.52%，结果基本一致。2014 年 4—5 月，采集 20090501、20140424、20140473、20140474、20140476、20140477、20140488 种子，直接土壤播种，萌发率在 60%~80%。值得进一步讨论的问题是，为什么带果皮的种子在土壤中播种萌发率最高，而在沙床中播种萌发率极低。

表 12-5　吹楠不同播种方式的种子萌发率

种子	播种基质	种子数 / 粒	萌发数 / 株	萌发率 /%
留皮	沙床	87	11	12.64
	土壤	116	105	90.52
去皮	沙床	108	70	64.81
	土壤	160	110	68.75

12.6 风吹楠苗木生长节律

于 2009 年 7 月至 2010 年 12 月，每月底对土壤播种的 20090501 号家系苗木（去皮 77 株，留皮 100 株）进行生长量调查。株高生长量变化为 2009 年下半年逐月缓慢增长，2010 年 1—4 月生长缓慢，5 月开始生长加快，到 10 月后生长减缓，高生长主要集中在 5—10 月的雨季，但是到 12 月份仍不停止生长（图 12-19）；地径的生长与高生长同步，但是在一年中各时期的变化量不明显（图 12-20）。风吹楠的高生长节律与琴叶风吹楠相似，但地径生长节律有所不同。

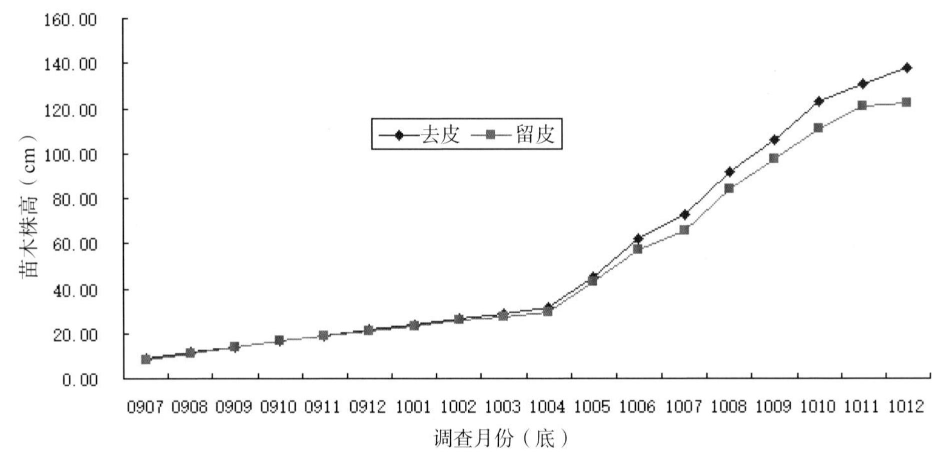

图 12-19 风吹楠苗木株高生长量变化

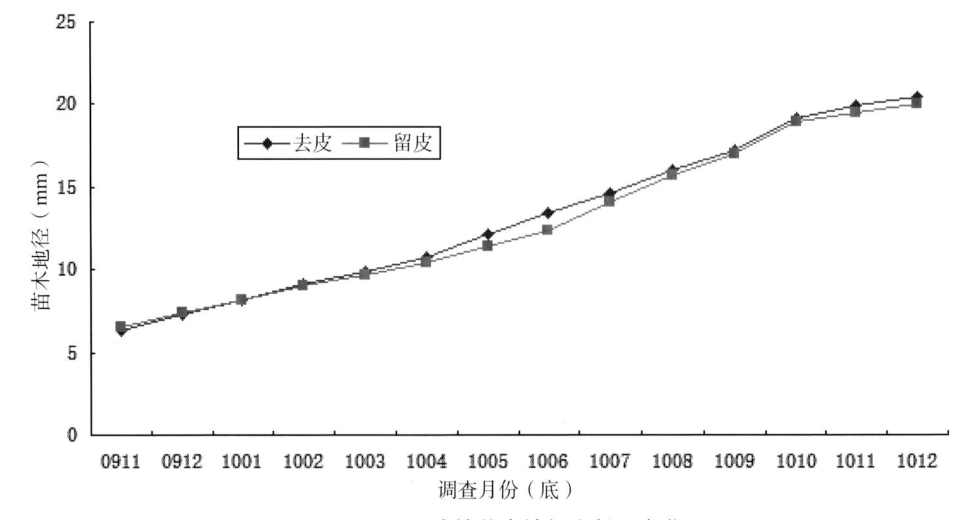

图 12-20 风吹楠苗木地径生长量变化

针对土壤播种的苗木，2009 年 10 月底，去皮播种的平均每株有叶 15.78 片，留皮播种的为 15.20 片；2009 年 12 月底，去皮播种的平均株高 21.89 cm，平均地径 17.24 mm，留皮播种的分别为 21.12 cm 和 16.98 mm，生长量基本无差异。

2010 年 12 月底，去皮播种的平均株高 138cm，变幅为 24~213cm，变异系数为 34.73%；留皮播种的平均株高为 122.2cm，变幅为 15~198cm，变异系数为 36.74%。去皮和留皮播种除了生长量有一定差异外，苗木分化水平相当。

12.7 风吹楠叶形变异

2014 年 4—5 月，采集 20090501、20140424、20140473、20140474、20140476、20140477 种子，直接土壤播种，株行距 30 cm × 40 cm，不同家系随机排列，圃内立地环境基本一致。苗圃采用遮荫网遮阳，常规育苗管理（图 12-21）。

图 12-21 风吹楠（1 年生苗木，2017）

2016 年 5 月，从每个家系中选择 10 个单株，每株从一级分枝上采集有代表性的 15 片健康成熟叶片，逐一测定每片叶子的各项性状指标（表 12-6）。同时计算叶柄长 / 叶长、宽基距 / 叶长、脉左宽 / 叶宽、比叶面积、长宽比等参数

（测量方法同本书第 10 章）。

表 12-6　风吹楠叶片性状指标与测定标准

叶片性状	单位	测定标准	测量工具
叶长	cm	叶基部到叶尖的垂直距离	YMJ-D 叶面积仪
叶宽	cm	叶片最宽处	YMJ-D 叶面积仪
叶面积	cm^2	—	YMJ-D 叶面积仪
叶柄长 / 叶长	—	叶柄长与叶长比值	—
宽基距 / 叶长	—	宽基距与叶长比值	—
脉左宽 / 叶宽	—	脉左宽与叶宽比	—
叶厚	mm	5 片为一组，层叠测量后取平均值	游标卡尺
叶脉数	条	到达叶边缘的左右两侧叶脉总数	—
叶尖角	°	叶尖处叶片边缘与叶片主脉的夹角	量角仪
叶基角	°	叶基部叶片边缘与叶片主脉的夹角	量角仪
比叶面积	cm^2/g	叶面积与叶片干重的比值	—
长宽比	—	叶长与叶宽比值	—
宽基距	cm	叶最宽处距叶基距离	直尺
脉左宽	cm	叶最宽处左缘到主脉的距离	直尺

运用 Excel 2003 软件对数据进行离散程度分析，包括各性状的平均值（*Mean*）、标准差（*SD*）、变异系数（*CV*）、最大值（*Max*）、最小值（*Min*）。用变异系数（*CV*）表示表型性状的离散程度。

方差分析和表型分化系数：用 SAS 软件对各数量性状采用巢式设计进行方差分析，线性模型为：$Y_{ijk}=u+S_i+T_{(i)j}+e_{(ij)k}$，式中 Y_{ijk} 为第 i 个群体第 j 个单株第 k 个观测值；u 为总均值；S_i 为群体效应（固定）；$T_{(i)j}$ 为群体内单株效应（随机）；$e_{(ij)k}$ 为试验误差。表型分化系数计算公式：$V_{st}=\frac{\delta^2_{t/s}}{\delta^2_{t/s}+\delta^2_s}\times100\%$。式中 $\delta^2_{t/s}$ 为群体间方差分量，δ^2_s 为群体内方差分量，V_{st} 为表型分化系数。运用 SPSS 17.0 分析软件对数据进行相关性及主成分分析。

将风吹楠叶片 10 个表型性状的变异数据列于表 12-7，变异系数总平均值为 16.35%，性状间变异情况差别较大，具体表现为叶面积（28.38%）> 叶柄长

/ 叶长（24.41%）> 比叶面积（21.28%）> 叶长 / 叶宽（15.53%）> 宽基距 / 叶长（15.43%）> 叶长（14.95%）> 叶脉数（14.22%）> 叶厚（11.56%）> 叶宽（11.03%）> 脉左宽 / 叶宽（6.67%）。由此可见，风吹楠的叶片性状变异比较丰富。风吹楠不同家系间叶面积变幅为 46.77~79.54 cm^2，其变异系数最大；脉左宽 / 叶宽变幅为 0.48~0.51，变异程度最小，说明叶左右较为对称；叶长（均值为 15.57cm）约为叶宽（均值为 6.08cm）的 2.5 倍；叶最宽处位于叶片的 1/2~3/4 处，即叶最宽处多在叶片中部偏尖部的位置变化；叶柄长 / 叶长的变异程度也较大，其比值范围为 0.08~0.12。脉左宽 / 叶宽、叶宽及叶厚等 3 个指标变异系数较小，在家系间表现出较好的稳定性。

表 12-7　风吹楠不同家系叶片性状变异情况

家系	叶长 /cm	叶宽 /cm	叶面积 /cm^2	叶脉数 / 条	叶厚 /mm	比叶面积 /（cm^2/g）	柄长 / 叶长	叶长 / 叶宽	宽基距 / 叶长	脉左宽 / 叶宽
20090501	13.26	5.51	46.77	9.65	0.32	76.36	0.09	2.42	0.63	0.51
20140424	16.32	6.15	70.63	10.64	0.34	87.66	0.08	2.66	0.58	0.48
20140473	16.89	6.19	72.90	9.09	0.35	89.20	0.09	2.73	0.57	0.48
20140474	13.49	6.17	58.53	10.58	0.37	76.92	0.12	2.20	0.74	0.48
20140476	16.50	5.97	68.73	9.42	0.33	83.42	0.10	2.78	0.62	0.49
20140477	16.96	6.50	79.54	10.18	0.37	75.79	0.11	2.61	0.64	0.49
最小值	13.26	5.51	46.77	9.09	0.32	75.79	0.08	2.42	0.57	0.48
最大值	16.96	6.50	79.54	10.64	0.37	89.2	0.12	2.78	0.74	0.51
均值	15.57	6.08	66.18	9.93	0.35	81.56	0.10	2.56	0.63	0.49
标准差	2.90	0.67	18.78	1.41	0.04	17.36	0.02	0.40	0.10	0.03
CV /%	14.95	11.03	28.38	14.22	11.56	21.28	24.41	15.53	15.43	6.67

采用巢式设计方差分析研究了风吹楠在家系间和家系内两个层次的差异性（表 12-8）。结果表明，除脉左宽 / 叶宽在家系内和家系间差异均未达到显著水平外，其余的 9 个性状在家系间和家系内差异均达到极显著水平。方差分析结果进一步说明风吹楠叶片形态在家系间和家系内存在广泛差异，叶片表型变异丰富。

按巢式设计方差分量比组成了各方差分量占总变异的比例，用群体间方差分量占遗传总变量的比例表示群体间的分化系数。由表 12-9 可知，10 个性状的表型分化系数平均值为 38.79%，变异幅度为 14.77%~76.08%。可以看出指标之间的差异还是比较大，但大部分指标表型分化系数都低于 45%，说明家系内的变异为风吹楠叶片性状变异的主要来源，平均占到了 61.21%，家系内的多样性大于家系间的多样性。

表 12-8 风吹楠叶片性状方差分析

性状	均方 Ms			F 值	
	家系间	家系内	随机误差	家系间	家系内
叶长	295.883	39.238	2.652	7.54**	14.80**
叶宽	10.991	2.593	0.142	4.24**	18.28**
叶面积	13 703.000	1 681.146	96.228	8.15**	17.47**
叶脉数	40.663	7.216	1.111	5.64**	6.50**
叶厚	0.053	0.010	0.000	5.32**	25.32**
比叶面积	3 616.697	1 423.671	158.256	2.54**	9.00**
叶柄长 / 叶长	0.000	0.000	0.000	9.86**	7.19**
叶长 / 叶宽	4.815	0.644	0.067	7.48**	9.62**
宽基距 / 叶长	0.370	0.016	0.005	22.44**	3.07**
脉左宽 / 叶宽	0.012	0.004	0.001	3.26	5.39

注：** 表示极显著（$P < 0.01$）；家系间自由度 df = 5，家系内 df = 54，误差 df = 820。

表 12-9 风吹楠叶片性状表型分化系数

性 状	方差分量			方差分量百分比 /%			表型分化系数 /%
	群体间	群体内	随机误差	群体间	群体内	随机误差	
叶长	2.566	3.659	2.652	28.91	41.22	29.87	41.23
叶宽	0.084	0.245	0.142	17.84	52.04	30.12	25.52
叶面积	120.215	158.492	96.228	32.06	42.27	25.67	43.13
叶脉数	0.334	0.611	1.111	16.27	29.70	54.03	35.39
叶厚	0.000	0.001	0.000	24.18	53.73	22.09	31.03
比叶面积	21.930	126.541	158.256	7.15	41.26	51.60	14.77
叶柄长 / 叶长	0.000	0.000	0.000	28.24	27.44	44.32	50.72
叶长 / 叶宽	0.042	0.058	0.067	25.08	34.69	40.23	41.97
宽基距 / 叶长	0.004	0.001	0.005	35.26	11.08	53.65	76.08
脉左宽 / 叶宽	0.000	0.000	0.001	7.82	28.12	64.07	28.04
均 值	—	—	—	22.28	36.15	41.57	38.79

对风吹楠叶片各表型性状之间的相关性进行了分析（表 12-10），结果表明，叶长、叶宽及叶面积等 3 个指标两两呈极显著正相关，且叶长与叶面积的相关系数（0.898）比叶宽与叶面积的相关系数（0.771）要大，说明叶长是影响叶面积大小的主要因素；10 个性状两两间只有极少数差异未达到显著或极显著水平，表明风吹楠叶片性状间关系较紧密，说明在评估风吹楠叶片性状的时候可以使用少数几个指标就能把叶片表型性状体现出来。需要说明的是，因为样本量大，显著性检验结果为显著（$P < 0.05$）或极显著（$P < 0.01$），但是诸多相关系数均小于 0.2，甚至小于 0.1。

表 12-10　风吹楠叶片各性状的相关系数

性状	叶长	叶宽	叶面积	叶脉数	叶厚	比叶面积	柄长 / 叶长	长 / 宽	宽基距 / 叶长
叶宽	0.524**								
叶面积	0.898**	0.771**							
叶脉数	0.237**	0.250**	0.282**						
叶厚	0.111**	0.131**	0.183**	0.114**					
比叶面积	0.397**	0.236**	0.439**	0.085*	-0.177**				
叶柄长 / 叶长	–0.458**	–0.119**	–0.360**	–0.073	0.124**	–0.363**			
叶长 / 叶宽	0.801**	–0.083*	0.510**	0.097*	0.010	0.307**	–0.445**		
宽基距 / 叶长	–0.520**	0.039	–0.335**	0.111**	0.106**	–0.372**	0.547**	–0.634**	
脉左宽 / 叶宽	–0.137**	–0.172**	-0.255**	–0.110**	–0.144**	–0.322**	0.148**	–0.037	0.137**

注：* 表示显著（$P < 0.05$）；** 表示极显著（$P < 0.01$）。

12.8　小结

调查发现风吹楠野生植株生长良好，结实较多，常见分布于山脊或山坡，自然更新正常，种群数量减少的主要原因是人为破坏。人工播种繁殖也表现出良好的萌发率，苗木生长良好。果实、种子、叶形都表现出丰富的表型变异。种子脂肪酸以饱和脂肪酸为主，化学性质稳定，可作为工业用油，但是植株的产种量普遍不高。

需要说明的是，风吹楠为雌雄异株，野外调查时发现，雌株分布于林缘或者单株散生，周围很远都没有雄株，雌株仍然结实良好；同时也发现，有雄株伴生的群落，雄花尚未开放，雌株就已结满果实（图 12-11）。是否雄株对种群的繁衍没有贡献？在一些生物中，不经过受精作用，雌性就能通过复制自身的 DNA 进行繁殖，称为孤雌生殖。风吹楠这种结实现象产生的成因值得进一步研究。

参考文献

李延辉，王惠英，李德厚，等 . 1980. 肉豆蔻科植物种子油的化学成分研究［J］. 热带植物研究，(15)：21-23.

王荷生 . 1992. 植物区系地理［M］. 北京：科学出版社，63-74.

吴征镒，路安民，汤彦承，等 . 2003. 中国被子植物科属综论［M］. 北京：科学出版社 .

西双版纳国家级自然保护区管理局，云南省林业调查规划院 . 2006. 西双版纳国家级自然保护区［M］. 昆明：云南教育出版社 .

杨宇明，杜凡 . 2004. 中国南滚河国家级自然保护区［M］. 昆明：云南科技出版社 .

杨宇明，杜凡 . 2006. 云南铜壁关自然保护区科学考察研究［M］. 昆明：云南科技出版社 .

云南省环境保护局，西双版纳纳板河流域国家级自然保护区管理所 . 2006. 西双版纳纳板河流域国家级自然保护区［M］. 昆明：云南科技出版社 .

云南省林业厅，中荷合作云南省 FCCDP 办公室，云南省林业调查规划院 . 2004. 糯扎渡自然保护区［M］. 昆明：云南科技出版社 .

云南省植物研究所 . 1977. 云南植物志（第一卷）［M］. 北京：科学出版社，8-13.

郑万钧 . 1983. 中国树木志（第一卷）［M］. 北京：中国林业出版社，917.

中国植物志编辑委员会 . 1979. 中国植物志（第三十卷）［M］. 北京：科学出版社 .

Wu Z Y，Raven P H，Hong D Y. 2008. Flora of China (Vol. 7)［M］. BeiJing：Science Press.

第13章 大叶风吹楠研究概述

13.1 引言

根据《中国植物志》和《云南植物志》的记录，云南野生分布大叶风吹楠（*Horsfieldia kingii*）和滇南风吹楠（*H. tetratepala*），海南和广西分布海南风吹楠（*H. hainanensis*），三者极为相似，仅限于皮孔、被毛等细小的区别（云南省植物研究所，1977；中国植物志编辑委员会，1979）。叶脉（2004）通过形态学分析，支持将海南风吹楠和滇南风吹楠并入大叶风吹楠；在《Flora of China》（Wu，2008）中，正式将海南风吹楠和滇南风吹楠并入大叶风吹楠。本课题组通过形态学、油脂化学和分子遗传学分析，也支持这3个种合并的处理（吴裕，2015）。本章不讨论大叶风吹楠的分类学问题，而以合并后的“大叶风吹楠（*Horsfieldia kingii*）”作为一个整体，主要从野生资源分布、生物学特征、种子脂肪酸成分和播种繁殖4个方面加以介绍。

13.2 大叶风吹楠资源调查

根据《云南植物志》《中国植物志》《Flora of China》《中国树木志》《西双版纳国家级自然保护区》《西双版纳纳板河流域国家级自然保护区》《中国南滚河国家级自然保护区》《糯扎渡自然保护区》《云南铜壁关自然保护区科学考察研究》等的记录，大叶风吹楠分布于越南、缅甸、印度、泰国，中国海南、广西、云南等（云南省植物研究所，1977；中国植物志编辑委员会，1979；郑万钧，1983；杨宇明，2004，2006；云南省林业厅，2004；西双版纳国家级自然保护区管理局，2006；云南省环境保护局，2006；Wu，2008）。本次调查工作在广西凭祥，云南盈江、勐海、景洪、勐腊等地发现有野生分布，但是资源量较少（图 13-1）。本研究工作中主要采样点及植株基本信息列于表 13-1。

从地形看，云南热带雨林内大叶风吹楠与琴叶风吹楠的分布区基本重复，而且都生长在沟谷或洼地密林中。从分布群落类型看，大叶风吹楠主要分布于热带季节雨林中，处于群落的最上层或第二层，其植被类型与琴叶风吹楠的相同，但与风吹楠的差异较大。根据本课题组 2009—2017 年野外调查和采集标本的分析结果，在澜沧江流域西双版纳海拔 1200 m 以下沟谷原始森林中大叶风吹楠资源量较大，以单株散生为主（图 13-2），其他地区较少。2009 年在盈江县大盈江流域北岸海拔 600 m 左右沟谷发现 2 株大叶风吹楠大树（图 13-3），每年结实，大树下有小苗。2009 年，本课题组前往沧源县南滚河流域调查时，南滚河国家级自然保护区管理局科研所王志胜所长给我们看了 2008 年拍自于南滚河流域的照片，但我们实地调查时，未发现植株，据当地人说已被砍伐（存疑）。根据文献记录和向别人打听，海南和广西的野生资源主要分布于保护区内，也有少量人工保存。2014 年 5 月本课题组前往广西凭祥市调查，采集到种子和叶样（图 13-4），当地人称为海南风吹楠。

表 13-1　大叶风吹楠采样植株基本信息

植株编号	采集地点	经度	纬度	海拔 / m
20090300	勐腊勐仑	101° 13.810′ ~101° 14.850′	21° 54.000′ ~21° 56.010′	540~580
20090306	勐腊勐仑	101° 13.810′ ~101° 14.850′	21° 54.000′ ~21° 56.010′	540~580
20090307	勐腊勐仑	101° 13.810′ ~101° 14.850′	21° 54.000′ ~21° 56.010′	540~580
20090410	盈江铜壁关	97° 35.727′	24° 26.866′	590
20090412	盈江铜壁关	97° 35.927′	24° 26.996′	592
20100407	勐腊尚勇	101° 35.000′	21° 36.000′	690
20130302	景洪普文	101° 05.567′	22° 25.726′	825
20130313	勐海勐宋	100° 36.275′	22° 14.835′	947
20130506	勐腊补蚌	101° 35.070′	21° 36.684′	707

（续表）

植株编号	采集地点	经度	纬度	海拔 / m
20130514	勐腊尚勇	101° 36.234′	21° 21.073′	814
20130515	景洪基诺	101° 12.038′	21° 57.695′	774
20130563	勐腊勐腊	101° 34.916′	21° 37.534′	784
20140404	景洪基诺	100° 59.022′	22° 03.404′	956
20140406	勐腊勐远	101° 23.208′	21° 43.208′	755
20140434	勐海勐宋	100° 36.369′	22° 14.707′	900
20140437	勐海勐宋	100° 37.132′	22° 14.138′	955
20140485	广西凭祥	106° 44.850′	22° 17.139′	260

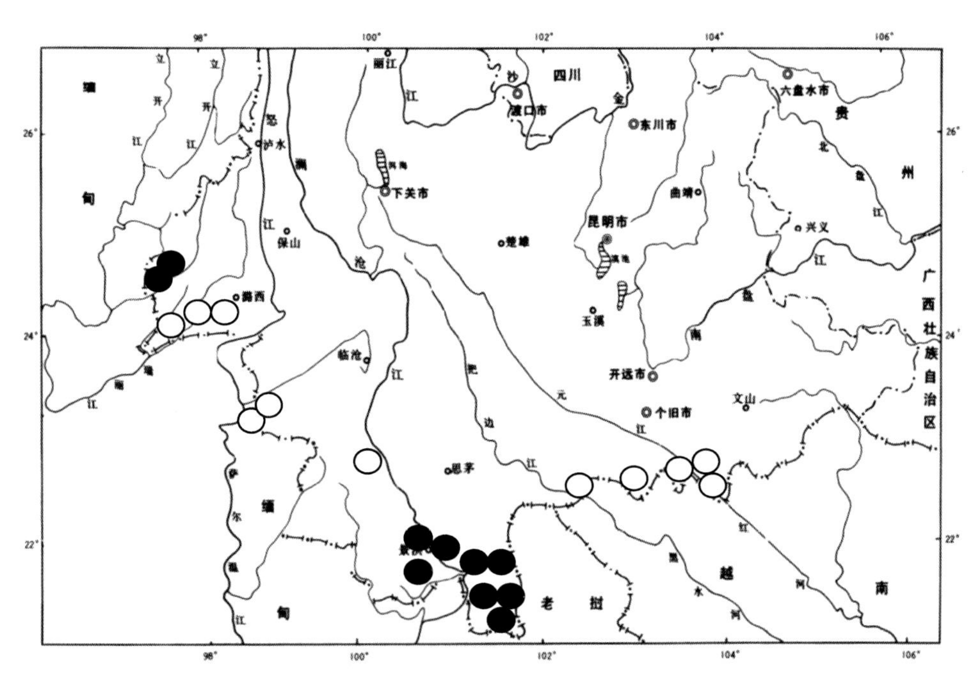

图 13-1　大叶风吹楠在云南的地理分布示意

○文献记录有分布，本次调查未发现；●本次调查有分布，文献也有记录

图 13-2　大叶风吹楠
（勐海勐宋，2014）

图 13-3　大叶风吹楠
（盈江铜壁关，2009）

图 13-4　课题组成员与中国林业科学研究院热带林业实验中心
科技人员在大叶风吹楠树下（广西凭祥，2014）

13.3　大叶风吹楠生物学特征

大叶风吹楠为常绿高大乔木，高 20~35 m，胸径达 50 cm 以上，主干通直，分枝平展且集中于顶端（图 13-5、图 13-6）。叶长圆形、倒卵形或长圆状倒披针形，长 12~55 cm，宽 7~22 cm，先端渐尖、急尖或圆钝，基部楔形或宽楔形，全缘，两面或多或少被柔毛（图 13-7）。雌雄异株。雄花序腋生或生于落叶之叶腋，长 10~20 cm，整个花序被疏而短的柔毛，花序分枝稀疏，花几簇生（图 13-8）。雌花序短，长 10 cm 以下。果序长 6~12 cm，着果 1~3 个，果长 3~6 cm，宽 2~4 cm，椭圆形或卵圆形，先端突尖或圆钝，基部果皮或多或少下延成柄，不同程度偏斜，花被片宿存，呈不规则盘状。果皮无毛，成熟时黄色，自然开裂，种子连同假种皮脱落，假种皮橙黄色，顶端微裂或否（图 13-9、图 13-10）。种子形态变异较大，椭圆形、卵圆形至长卵圆形，长 2~4 cm，种皮黄褐色，光滑，疏生脉纹，胚位于种子近中部，发芽孔至种子基部具一长条形疤痕（图 13-11、图 13-12、图 13-13）。种子萌发时，幼茎具初生不育叶 1~3 枚，也称鳞叶。花期 4—6 月，翌年 4—6 月果实成熟。位于林缘或开天窗部位的植株结实较多，林中结实较少。果实常被动物啃食（图 13-10），这既有利于种子传播，也造成种子损失。

图 13-5　大叶风吹楠
（广西凭祥，2014）

图 13-6　大叶风吹楠
（景洪普文，2014）

图 13-7　大叶风吹楠
（嫩枝，2014）

图 13-8　大叶风吹楠
（雄花枝，2014）

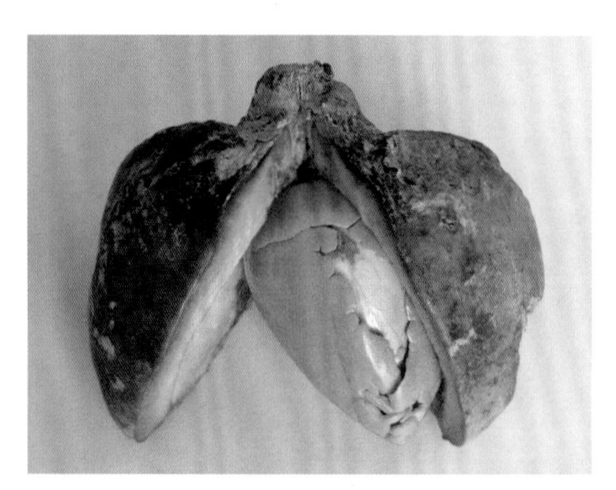

图 13-9　大叶风吹楠
（果实成熟，2009）

图 13-10　大叶风吹楠
（动物啃食，2010）

图 13-11　大叶风吹楠（勐腊勐仑，2009）

图 13-12　大叶风吹楠（盈江铜壁关，2009）

图 13-13　大叶风吹楠（广西凭祥，2014）

13.4　大叶风吹楠种子性状及油脂提取

2009 年 3 月从勐腊县勐仑镇采集了 3 株树的种子，2009 年 4 月从盈江县铜壁关镇采集了 2 株树的种子，2014 年 5 月从广西凭祥市采集了 1 株树的种子，对种子长、种子宽、种仁率、含油率等指标进行了测定（表 13-2）。共 5 株树 136 粒种子的总平均种子长为 37.62 mm，变幅为 23.9~44.4 mm，其中 20090306 号植株种子长的变幅最大，其他 4 株的变幅都在这个范围之内；平均种子宽为 21.47 mm，变幅为 18.6~26.1 mm；种子平均出仁率为 89.22%，变幅为 84.25%~93.97%；种仁含油率为 31.20%~71.97%。来自于广西凭祥的 20140485 号，种子脱落时间较长，这可能导致含油率下降。来自德宏州盈江县的 20090410 号，种子贮藏 5 年后，种仁含油率从 63.26% 下降到 47.48%。来自西双版纳州勐腊县的20090300号，种子新鲜，种仁含油率最高（71.97%）。据李延辉（1980）报道种子含油率为34.06%，《中国植物志》记录为“种子含固体油33.6%”，《云南植物志》记录“种子含固体油57%”，文献中没有提及出仁率。如果将本研究中种仁含油率折合为种子含油率，则与文献报道基本一致。大叶风吹楠油脂为棕黄色至棕红色，与琴叶风吹楠油脂形成鲜明的对比（图13-14、图13-15）。

表13-2　大叶风吹楠种子大小及种仁含油率

植株编号	采种时间	种子数/粒	种子长/mm		种子宽/mm		种仁率/%	种仁含油率/%
			平均值	变异幅度	平均值	变异幅度		
20090300	2009年3月	30	37.94	35.1~42.3	20.27	18.6~23.0	93.97	71.97
20090306	2009年3月	30	38.93	23.9~44.4	20.98	18.9~24.1	84.25	59.36
20090307	2009年3月	30	38.61	34.7~42.5	20.19	19.0~22.0	93.96	60.18
20090410	2009年4月	30	35.97	32.2~38.8	23.45	19.6~25.7	87.06	63.26
20090412	2009年4月	16	35.82	28.6~40.3	23.34	21.1~26.1	86.86	51.44
20140485	2014年5月	—	—	—	—	—	—	31.20
总体	—	136	37.62	23.9~44.4	21.47	18.6~26.1	89.22	54.98

说明：右下角2瓶为大叶风吹楠；其余为琴叶风吹楠

图13–14　大叶风吹楠

（加热液体油脂棕红色，2009）

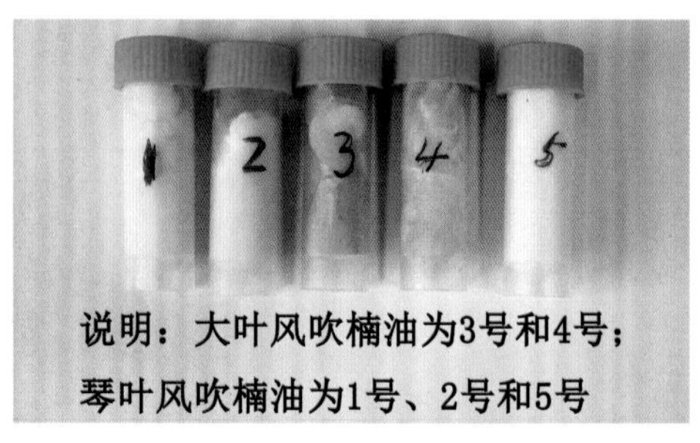

图13–15　大叶风吹楠

（常温固体油脂棕红色，2014）

13.5　大叶风吹楠种子油脂肪酸成分测定

GC/MS 检测到大叶风吹楠的种仁油含有 16 种脂肪酸，分别为：辛酸（8:0）、癸酸（10：0）、十二烷酸（12：0）、十三烷酸（13：0）、十四碳烯酸（14：1）、十四烷酸（14：0）、十六碳烯酸（16：1）、十六烷酸（16：0）、十八碳二烯酸（18：2）、十八碳烯酸（18：1）、十八烷酸（18：0）、二十碳烯酸（20：1）、二十烷酸（20：0）、二十二烷酸（22：0）、二十四烷酸（24：0）、9-苯基壬酸。其中，十四碳烯酸和十八碳烯酸存在异构现象。各脂肪酸成分及其结构见表 13-3。

表 13-3　大叶风吹楠种子脂肪酸成分及其结构式

序号	脂肪酸名称	结构式
1	辛酸，8：0	辛酸（8:0）
2	癸酸，10：0	癸酸（10:0）
3	十二烷酸，12：0	十二烷酸（12:0）
4	十三烷酸，13：0	十三烷酸（13:0）
5	十四碳烯酸，14：1（9） 十四碳烯酸（异构），14：1（11）	十四碳烯酸（异构）［14:1（11）］
6	十四烷酸，14：0	十四烷酸（14:0）

（续表）

序号	脂肪酸名称	结构式
7	十六碳烯酸，16:1（9）	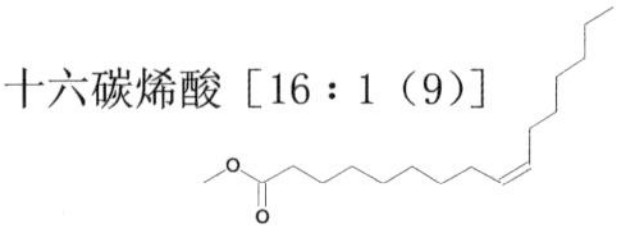 十六碳烯酸［16：1（9）］
8	十六烷酸，16：0	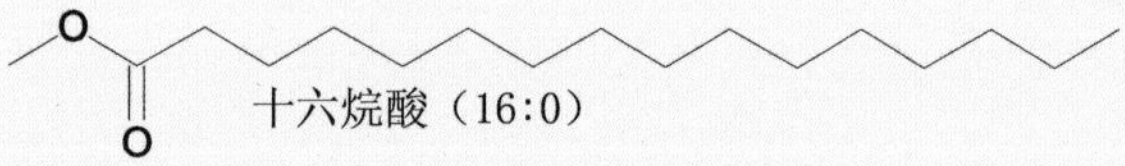 十六烷酸（16:0）
9	十八碳二烯酸，18：2（9，12）	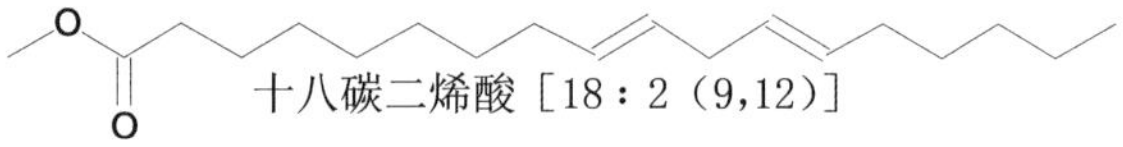 十八碳二烯酸［18：2（9,12）］
10	十八碳烯酸，18：1（9） 十八碳烯酸（异构），18：1（13）	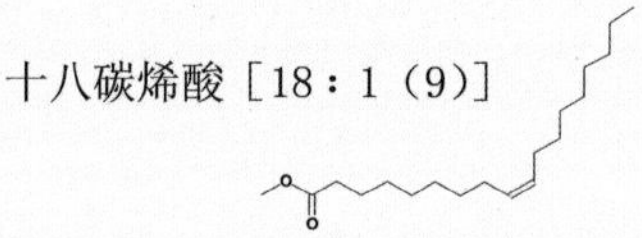 十八碳烯酸［18：1（9）］
11	十八烷酸，18：0	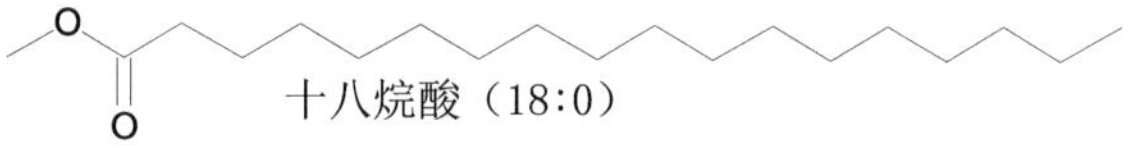 十八烷酸（18:0）
12	二十碳烯酸，20：1	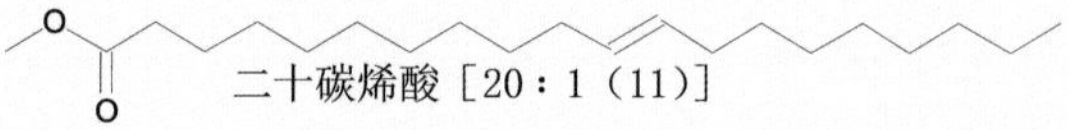 二十碳烯酸［20：1（11）］
13	二十烷酸，20：0	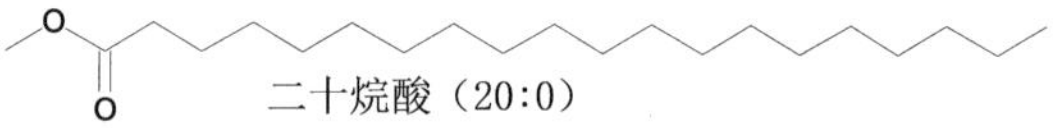 二十烷酸（20:0）
14	二十二烷酸，22：0	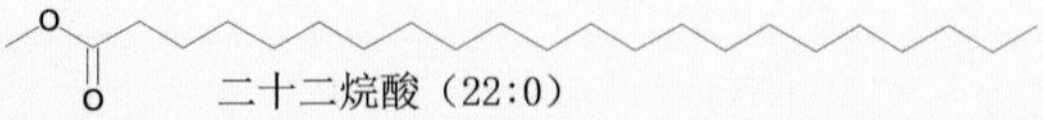 二十二烷酸（22:0）
15	二十四烷酸，24：0	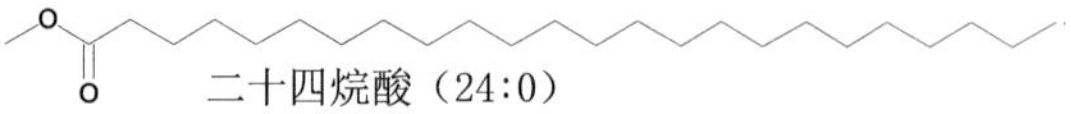 二十四烷酸（24:0）
16	9-苯基壬酸	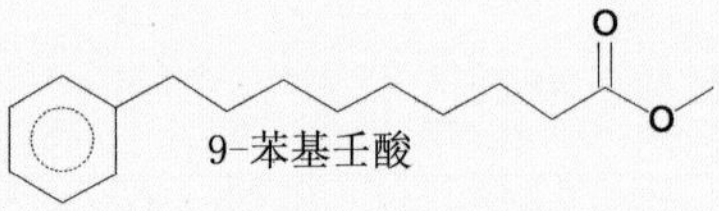 9-苯基壬酸

通过 GC 分析将种子油脂肪酸的相对含量列于表 13-4，6 份样品中十四烷酸和十二烷酸的含量占绝对优势。十四烷酸的变幅为 41.39%~55.30%，平均值为 47.52%；十二烷酸变幅为 35.68%~50.31%，平均值为 43.98%，其余的脂肪酸含量都较低。虽然 9- 苯基壬酸的含量极低，但属于特异脂肪酸，本研究只在风吹楠和大叶风吹楠种子中发现。

表 13-4　大叶风吹楠种子脂肪酸成分含量　/%

序号	脂肪酸成分	2009 0300	2009 0306	2009 0307	2009 0410	2009 0412	2014 0485	平均值	2009 0410*
1	辛酸	0.88	1.03	1.08	0.36	0.28	—	0.73	—
2	癸酸	1.24	1.19	1.36	1.36	1.46	1.41	1.34	1.11
3	十二烷酸	39.51	35.68	41.25	50.27	50.31	46.88	43.98	45.88
4	十三烷酸	0.47	0.28	0.22	0.17	0.23	0.16	0.26	0.17
5	十四碳烯酸	0.20	0.16	0.14	0.11	0.11	0.07	0.13	0.18
6	十四烷酸	52.71	55.30	50.82	42.02	42.88	41.39	47.52	44.64
7	十六碳烯酸	0.05	0.05	0.04	0.08	0.06	0.09	0.06	0.09
8	十六烷酸	2.22	2.99	2.30	2.68	2.08	4.48	2.79	3.65
9	十八碳二烯酸	0.50	0.54	0.52	0.79	0.52	1.27	0.69	0.66
10	十八碳烯酸	1.69	1.75	1.82	1.56	1.47	3.11	1.90	2.33
11	十八烷酸	0.24	0.35	0.26	0.30	0.21	0.52	0.31	0.41
12	二十碳烯酸	0.02	0.03	0.03	0.02	0.02	0.05	0.03	—
13	二十烷酸	0.01	0.05	0.01	0.01	0.01	0.03	0.02	—
14	二十二烷酸	0.01	0.03	0.02	0.08	0.02	0.04	0.03	—
15	二十四烷酸	0.04	0.07	0.03	0.04	0.06	0.05	0.05	0.04
16	9- 苯基壬酸	0.09	0.41	0.05	0.12	0.27	—	0.19	—

注：* 最后一列为种子贮藏 5 年后测定的数据；—表示未检测到该成分。

本研究将 20090410 号植株种子从 2009 年 4 月常温贮藏到 2014 年 6 月，GC/MS 结果表明，未检测到辛酸（8：0）、二十碳烯酸（20：1）、二十烷酸（20：0）、二十二烷酸（22：0）、9- 苯基壬酸；20140485 号也未检测到辛酸（8：0）、9- 苯基壬酸，可能与种子脱落时间较长有关。这几种脂肪酸相对含量本来总体较低，可能在贮藏过程中分解了。但是十二烷酸和十四烷酸相对含量则很稳定。

13.6 大叶风吹楠播种繁殖观察

大叶风吹楠种子容易萌发，据不完全统计，新鲜种子萌发率 80% 左右，且苗木生长健壮（图 13-16、图 13-17）。由于大叶风吹楠植株太高，本研究只从树下拾取自然脱落的种子开展试验，没有直接采摘果实，果皮对种子萌发的影响没有研究。经观察，种子萌发时胚根从种子中部伸出，主根长而壮，侧根细而少；胚芽出土后，具初生不育叶 1~3 枚，又称鳞叶；幼茎和叶密被锈色毛。总体上看大叶风吹楠的生长量较大，主要表现为叶片较大，植株更粗壮（图 13-18）。1—3 月苗木向阳处叶片会发生日灼现象。

图 13-16 大叶风吹楠（种子萌发，2014）

图 13-17 大叶风吹楠（播种 5 个月，2009）

图 13-18 大叶风吹楠（1 年生苗，2017）

13.7 小结

根据《Flora of China》（Wu，2008）和本课题组的研究（吴裕，2015），我国野生的大叶风吹楠（*Horsfieldia kingii*）、滇南风吹楠（*H. tetratepala*）和海南风吹楠（*H. hainanensis*）合并为一个种，称为大叶风吹楠（*Horsfieldia kingii*）。在云南地区，大叶风吹楠主要分布于湿润沟谷或洼地，在热带季节雨林中以单株散生为主，属于最上层或第二层树种，所处植被类型与琴叶风吹楠的相同，而且在诸多林分中两者互为伴生树种。目前野生资源主要集中于西双版纳地区，盈江县有少量残存单株，主要位于保护区内，曾有文献记录的诸多地区森林受到严重破坏，未发现植株。

来自云南盈江、西双版纳和广西凭祥 6 株大树的种子，其种仁含油率为 31.20%~71.97%，总体上含油率较高，常温下为棕黄色至棕红色固体。十二烷酸（月桂酸）和十四烷酸（肉豆蔻酸）总含量为 90% 左右，油脂化学性质极为稳定。大叶风吹楠新鲜种子容易萌发，苗木生长良好，满足人工造林的基本要求。

根据文献记载，大叶风吹楠为雌雄异株，本课题组调查发现有些单株每年结实，有些单株从未见过结实，在野外发现了纯粹开雄花的雄株，但未见到结果株的雌花。值得讨论的问题是，有些单株每年果实累累，但周围很远都没有其他植株，那么大量的花粉如何传播而来？我们没有直接证据能证明雌株是否有雄花或者具可育的雄蕊。也许孤雌生殖是其繁殖方式之一，尚需研究。

参考文献

吴裕，毛常丽，张凤良，等 . 2015. 琴叶风吹楠（肉豆蔻科）分类学位置再研究［J］. 植物研究，35（4）：2-9.

西双版纳国家级自然保护区管理局，云南省林业调查规划院 . 2006. 西双版纳国家级自然保护区［M］. 昆明：云南教育出版社 .

杨宇明，杜凡 . 2006. 云南铜壁关自然保护区科学考察研究［M］. 昆明：云南科技出版社 .

杨宇明，杜凡 . 2004. 中国南滚河国家级自然保护区［M］. 昆明：云南科技出

版社 .

叶脉 . 2004. 中国肉豆蔻科植物分类研究［D］. 广州：华南农业大学 .

云南省环境保护局，西双版纳纳板河流域国家级自然保护区管理所 . 2006. 西双版纳纳板河流域国家级自然保护区［M］. 昆明：云南科技出版社 .

云南省林业厅，中荷合作云南省 FCCDP 办公室，云南省林业调查规划院 . 2004. 糯扎渡自然保护区［M］. 昆明：云南科技出版社 .

云南省植物研究所 . 1977. 云南植物志（第一卷）［M］. 北京：科学出版社，8-13.

郑万钧 . 1983. 中国树木志（第一卷）［M］. 北京：中国林业出版社，917.

中国植物志编辑委员会 . 1979. 中国植物志（第三十卷）［M］. 北京：科学出版社，194-205.

Wu Z Y，Raven P H，Hong D Y. 2008. Flora of China (Vol. 7)［M］. BeiJing : Science Press, 96-101.

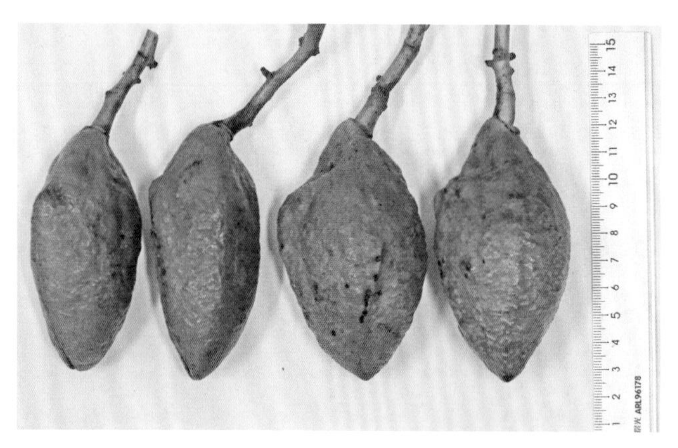

大叶风吹楠
（长果类型，2018）

大叶风吹楠
（假种皮颜色向粉红色变异，2018）

第14章 云南肉豆蔻研究概述

14.1 引言

肉豆蔻属（*Myristica*）是亚洲分布属，约150个种，野生分布于东南亚及太平洋岛屿，我国热区是肉豆蔻属分布的北部边缘。该属的肉豆蔻（*M. fragrans* Houtt.）是著名的香料和药材，在热带地区广泛栽培，种子含油率40%~73%，油中十四烷酸相对含量为80%~90%，可用于合成肉豆蔻酸酯（MOD）和肉豆蔻酸异丙酯（IPM），广泛用于化妆品、医药、香料、杀虫剂等（Wu，2008；云南省植物研究所，1977；中国植物志编辑委员会，1979；贾天柱，1995；吴征镒，2003；Alessandra，2012；郑国平，2013）。肉豆蔻实际上已在马来西亚和西印度群岛广泛栽培，我国台湾、广东、云南等地有引种（吴征镒，2003）。

云南肉豆蔻（*M. yunnanensis* Y. H. Li）是云南野生种，最先由中国科学院李延辉先生于1976年命名发表，也是我国学者命名发表的国产肉豆蔻科植物中唯一一个保留至今的种名，其他几个种如滇南风吹楠（*Horsfieldia tetratepala* C. Y. Wu）和琴叶风吹楠（*H. pandurifolia* Hu）等都先后被取消。云南肉豆蔻分布于西双版纳州和红河州沟谷雨林地段，而西双版纳的种群数量较大，主要集中在海拔800 m以下沟谷或洼地，记为云南特有种，与分布于马来西亚和菲律宾的其他种相近（云南省植物研究所，1977；中国植物志编辑委员会，1979；吴征镒，2003）。据文献记录，云南肉豆蔻仅见于4个极小的分布点，而且其中两个点的植株已经消失，另外两个点虽然已划成自然保护区，但由于受破坏严重，仅存零星分布的20余株已生长不良，结实植株稀少，结实不多，种群遗传基础狭窄，天然更新困难，天然成苗较差，若不采取有效措施，将有绝灭的危险（傅立国，1991；李玉媛，2005），但文中并未指明4个点分布在哪里，也未见关于遗传基础的研究数据。据记录，云南肉豆蔻种子含油率不足10%，种子含肉豆蔻酸达66.79%，可作为工业用油（云南省植物研究所，1977；中国植物志编辑委员会，1979；傅立国，1991）。

综合上述文献，云南肉豆蔻是云南特有种，面临灭绝，只知道种子含油率和十四烷酸相对含量，其他方面知之甚少，而且文献中的记录存在诸多矛盾和值得商榷的地方。种子形态变异和脂肪酸的变异在一定程度上反映了群体的遗传变异，分析云南肉豆蔻的表型变异和脂肪酸组成对其遗传多样性保护和资源利用都有重要意义。

14.2 资源调查

根据《云南植物志》记录，云南肉豆蔻生于云南河口、勐腊、景洪及金平等地，生于海拔540~650 m的山坡或沟谷斜坡密林中；据《中国植物志》记录，生于云南南部海拔540~600 m的山坡或沟谷斜坡密林中；《云南国家重点保护野生植物》的记录为“目前仅见于云南南部西双版纳勐腊，零星生于海拔500~600 m的低山潮湿的沟谷雨林中”；据《Flora of China》的记录，云南肉豆蔻分布于云南南部海拔500~600 m的山坡密林中，泰国北部也有。根据科学考察报告《西双版纳国家级自然保护区》的样地记录，在勐腊海拔800 m地段有分布（西双版纳国家级自然保护区管理局，2006）。

根据本课题组2009—2019年的调查，在位于勐腊县的“西双版纳国家级自然保护区”和景洪市的“西双版纳纳板河流域国家级自然保护区”内发现云南肉豆蔻植株，生于海拔800 m以下沟谷、洼地或湿润的斜坡，呈小群落或单株散生（图14-1）。本来云南肉豆蔻的分布海拔较低，西双版纳最低处为海拔476 m，适合分布的海拔范围过窄。更遗憾的是，低海拔地区却是人类活动最多的地区，森林破坏最严重，只在分布海拔高度的上限处残存极少的植株，分布区呈点状碎片化。红河流域的热带雨林受到严重破坏，本课题组调查未发现植株。

14.3 云南肉豆蔻生物学特征

云南肉豆蔻是热带雨林中的高大乔木，一般不会是顶层树种，大多位居第二

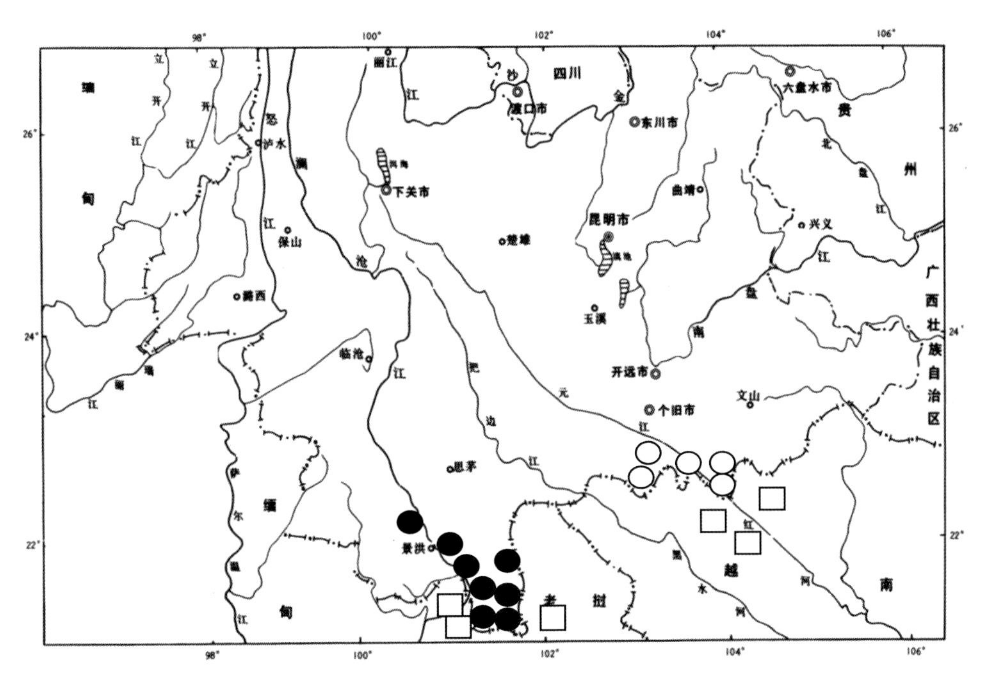

图 14–1　云南肉豆蔻地理分布示意

○文献记录有分布，本次调查未发现；●本次调查有分布，文献也有记录；

□理论上可能有分布的国外区域

层。树干通直，株高 20~30 m，胸径达 70 cm，侧枝平展或下垂。单叶互生，长圆状披针形或长圆状倒披针形，先端短渐尖，基部楔形至圆形，正面绿色，无毛，背面被锈褐色毛（图 14-2）。果实常 1~2 个着生于叶腋或已落叶的叶腋，果实椭圆形或卵圆形，长 4~7cm，宽 3~5 cm，果皮被锈色绵毛（图 14-3）；成熟假种皮深红色，从顶端撕裂至基部，或者呈条裂状，或呈网状，假种皮的撕裂形态是区别于当地肉豆蔻科植物中其他几个种的显著特征（图 14-4）；种子卵状椭圆形，两端浑圆或平截，种皮脆，褐色至暗褐色，具粗而浅的纵条纹（图 14-5）；种子成熟后自然脱落，无休眠期，遇适宜环境很快萌发；萌发孔位于种子基部，幼苗径和芽被褐色毛，具 3~6 枚鳞叶（图 14-6）。

据《云南植物志》和《Flora of China》记录，云南肉豆蔻果实成熟期为 3—6 月，在《云南国家重点保护野生植物》（李玉媛，2005）一书中，记录为“12 月到竖年 2 月采集种子，除去假种皮，随采即播”“造林后生长迅速”“为云南热区速生用材树种之一”。据本课题组几年的调查，果实一般在 5—6 月成熟。种子自然脱落于地面，在湿润的环境中很快萌发，没有休眠期，种子萌发率约为50%。据本课题组播种试验，幼苗在遮阴环境或全光照苗圃中苗期（前5年）生长缓慢（图14-7、图14-8），关于植株的速生年龄段尚需进一步观察。

图14-2　云南肉豆蔻
（叶子正反面，2018）

图14-3　云南肉豆蔻
（果实，2017）

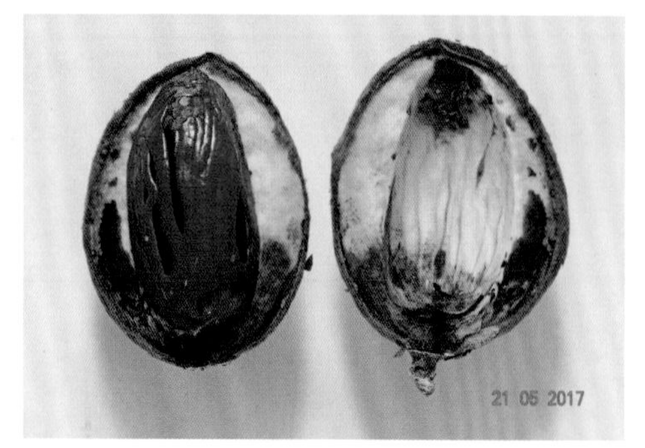

图14-4　云南肉豆蔻
（假种皮条裂，2017）

图14-5　云南肉豆蔻
（种子和假种皮，2017）

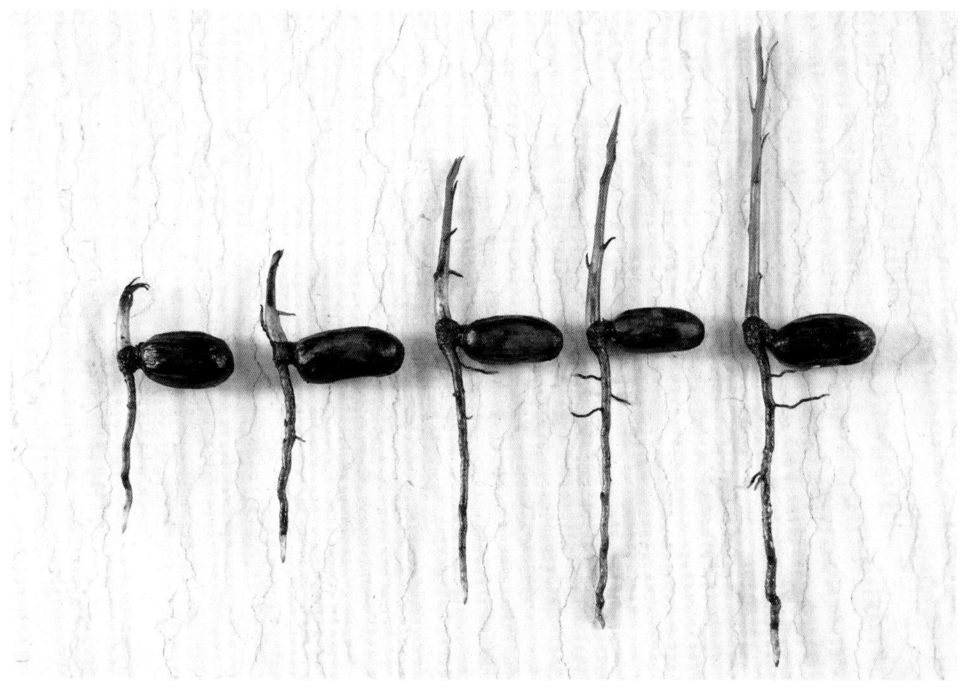

图 14-6　云南肉豆蔻（种子萌发动态，2019）

图 14-7　云南肉豆蔻
（15 月生苗，2017）

图 14-8　云南肉豆蔻
（4 年生树，2018）

14.4　种子表型变异

2017 年 6—7 月在云南肉豆蔻种子成熟的季节，从云南省景洪市基诺乡天然林内（100° 54′ E~101° 14′ E，21° 50′ N~21° 58′ N，海拔 500~800 m）从树下拾取自然脱落而尚新鲜的种子，分单株编号记录，编号为 1~22 号。种子带回试验室，人工除去假种皮后，以鼓风烘干箱 36 ℃恒温干燥至恒重，常温通风保存。对每株树的种子随机抓取 20 粒，用游标卡尺测量种子长和种子宽，测量精度为 0.01 mm；用电子天平称单粒重，测重精度为 0.01 g；不足 20 粒者全部测定；不足 15 粒者不记入统计数据。

对 19 株树（除去第 6、第 7、第 8 号）的种子测定数据计算单株内的种子长、宽、重、长宽比的变幅、均值、变异系数，再以单株的均值代表单株指标进行群体变异分析，列于表 14-1。从表 14-1 可以看出，种长群体变幅为 34.73~45.89 mm，种宽为 20.36~26.54 mm，种子重为 7.67~16.86 g，长宽比为 1.63~2.11，相应的变异系数值分别为 7.13%、5.95%、20.94% 和 7.27%。平均种长最大值（45.89 mm）是最小值（34.73 mm）的 1.32 倍，变异系数仅为 7.13%，种子长这一性状的群体变异并不大；种子宽的统计数据与此相近。种子长宽比是表现种子总体形态的重要指标，单株长宽比最大值（2.11）是最小值（1.63）的 1.29 倍，变异系数为 7.27%，说明种子的总体形态群体变异并不大。单粒种子重是群体变异最大的性状，单株最大值（16.86 g）是最小值（7.67 g）的 2.20 倍，变异系数为 20.94%，群体变异较大。以 372 粒种子重与种长和种宽进行相关性分析，相关系数为 0.7271 和 0.6208，达到极显著水平（$P < 0.01$）。种子重与长宽比的相关系数为 0.0475，即种子重与种子的总体形态无关。对 19 株树的种子进行株内变异分析，结果表明种长、种宽、种重和长宽比的变异系数分别为 3.75%~8.22%、3.19%~10.92%、10.71%~20.44%、3.01%~9.94%，也就说明株内变异与株间变异相近。总体反映云南肉豆蔻在本居群内种子表型的多样性不丰富。

表 14-1　云南肉豆蔻种子表型性状变异简单统计

株号	参数	种子长 /mm	种子宽 /mm	单粒种子重 /g	长宽比
1	变幅	31.94~43.27	21.41~26.1	8.39~14.69	1.31~1.93
	均值	39.93 ± 2.54	23.65 ± 1.34	11.48 ± 1.78	1.69 ± 0.13
	变异系数 /%	6.35	5.65	15.55	7.83
2	变幅	28.46~39.25	19.47~24.32	5.66~10.58	1.41~1.92
	均值	34.73 ± 2.86	21.30 ± 1.18	8.07 ± 1.36	1.63 ± 0.13
	变异系数 /%	8.22	5.54	16.84	7.81

（续表）

株号	参数	种子长 /mm	种子宽 /mm	单粒种子重 /g	长宽比
	变幅	39.01~47.97	20.51~25.14	7.74~14.70	1.73~2.08
3	均值	43.08 ± 2.39	22.97 ± 1.34	10.98 ± 1.78	1.88 ± 0.11
	变异系数 /%	5.55	5.84	16.2	5.95
	变幅	33.70~42.30	20.58~24.67	6.36~11.08	1.55~1.88
4	均值	38.17 ± 2.45	22.49 ± 1.11	8.69 ± 1.40	1.70 ± 0.10
	变异系数 /%	6.42	4.94	16.1	5.71
	变幅	37.95~48.67	21.01~24.20	8.21~15.87	1.68~2.01
5	均值	41.81 ± 2.98	22.73 ± 0.95	10.48 ± 1.82	1.84 ± 0.10
	变异系数 /%	7.13	4.19	17.34	5.36
	变幅	30.20~42.70	20.17~23.00	6.50~11.30	1.49~1.88
9	均值	37.63 ± 3.04	21.70 ± 0.88	8.39 ± 1.29	1.73 ± 0.11
	变异系数 /%	8.08	4.08	15.41	6.15
	变幅	36.99~48.65	20.58~23.13	7.83~11.92	1.69~2.36
10	均值	43.45 ± 3.01	21.57 ± 0.69	9.89 ± 1.11	2.02 ± 0.16
	变异系数 /%	6.92	3.19	11.18	7.97
	变幅	40.11~50.79	20.10~25.55	7.37~15.94	1.78~2.23
11	均值	44.17 ± 3.25	22.56 ± 1.34	10.87 ± 2.22	1.96 ± 0.12
	变异系数 /%	7.35	5.94	20.44	6.16
	变幅	34.94~45.13	20.10~23.50	4.9~12.58	1.68~2.05
12	均值	39.96 ± 2.56	21.99 ± 0.98	9.38 ± 1.77	1.82 ± 0.10
	变异系数 /%	6.40	4.44	18.83	5.55
	变幅	35.56~46.29	21.00~25.69	8.06~13.74	1.62~1.96
13	均值	40.85 ± 2.17	23.72 ± 1.13	11.18 ± 1.52	1.72 ± 0.08
	变异系数 /%	5.32	4.76	13.59	4.91
	变幅	36.21~42.37	18.87~21.99	6.55~9.77	1.81~2.08
14	均值	38.91 ± 1.81	20.36 ± 0.74	8.04 ± 0.93	1.91 ± 0.06
	变异系数 /%	4.64	3.62	11.56	3.01

（续表）

株号	参数	种子长 /mm	种子宽 /mm	单粒种子重 /g	长宽比
15	变幅	36.83~47.66	21.01~24.77	8.07~13.15	1.74~2.15
	均值	44.68 ± 2.65	22.26 ± 1.03	11.10 ± 1.50	2.01 ± 0.12
	变异系数 /%	5.94	4.61	13.49	5.74
16	变幅	33.22~43.73	21.06~33.48	7.41~12.58	1.15~1.94
	均值	38.59 ± 2.24	23.25 ± 2.54	9.56 ± 1.32	1.67 ± 0.17
	变异系数 /%	5.80	10.92	13.83	9.94
17	变幅	33.95~43.13	19.35~23.75	5.58~11.17	1.67~1.96
	均值	38.99 ± 2.57	21.88 ± 1.17	9.15 ± 1.49	1.78 ± 0.07
	变异系数 /%	6.60	5.35	16.29	4.20
18	变幅	39.64~48.25	16.96~22.70	4.17~11.71	1.87~2.39
	均值	43.37 ± 2.39	20.62 ± 1.42	9.01 ± 1.62	2.11 ± 0.14
	变异系数 /%	5.50	6.90	17.99	6.48
19	变幅	36.12~46.02	21.26~24.65	7.06~11.78	1.62~2.03
	均值	41.90 ± 2.17	22.85 ± 0.90	9.90 ± 1.32	1.84 ± 0.11
	变异系数 /%	5.18	3.93	13.29	6.04
20	变幅	40.87~49.07	23.46~28.90	12.55~22.77	1.59~1.96
	均值	45.89 ± 2.38	26.54 ± 1.55	16.86 ± 2.72	1.73 ± 0.09
	变异系数 /%	5.18	5.86	16.11	5.24
21	变幅	41.85~48.14	21.36~25.98	10.40~14.91	1.70~2.14
	均值	44.89 ± 1.68	23.10 ± 1.13	13.07 ± 1.40	1.95 ± 0.11
	变异系数 /%	3.75	4.89	10.71	5.88
22	变幅	36.83~45.77	20.38~23.97	5.41~10.23	1.65~2.14
	均值	41.95 ± 2.07	22.14 ± 0.94	7.67 ± 1.46	1.09 ± 0.11
	变异系数 /%	4.94	4.26	19.05	5.83
群体	变幅	34.73~45.89	20.36~26.54	7.67~16.86	1.63~2.11
	均值	41.21 ± 2.94	22.51 ± 1.34	10.20 ± 2.14	1.84 ± 0.13
	变异系数 /%	7.13	5.95	20.94	7.27

14.5　含油率测定

2017 年 7 月，选取种皮完好无破损的种子，机械脱壳后剔除不饱满、变色等劣质种仁，机械破碎，研钵研细，以石油醚（AR 级，30~60℃沸程，天津市科密欧化学试剂有限公司）为溶剂，用瑞士步琪有限公司生产的 B-815 脂肪酸提取仪进行油脂提取，挥发去溶剂后获取油脂，称重计算含油率（所得油脂分别用 2 mL 离心管封装，见图 14-9，冷藏保存，直接送样进行脂肪酸成分测定）。

图 14-9　云南肉豆蔻油（左）与琴叶风吹楠油（右），2017

对 20 株树（除去第 11、第 22 号）的种子测定种仁含油率，再根据相应的出仁率计算种子含油率，列于表 14-2。从表 14-2 可知，20 株树的种仁含油率变幅为 6.37%~15.83%，最大值是最小值的 2.49 倍，平均含油率为 11.47%，变异系数为 18.17%，株间变异较大。将种仁含油率按相应的种子出仁率计算出种子含油率，其变幅为 5.54%~14.83%，最大值是最小值的 2.68 倍，均值为 10.40%，变异系数为 19.19%。据《云南植物志》《中国植物志》和《Flora of China》记录，种子含油率为 6%~7%。文献记录数据在本次研究变异范围之内，本次研究的含油率株间变异比较大。

表 14-2　云南肉豆蔻种子种仁率和种仁含油率　/%

株号	种仁率	种仁含油率	株号	种仁率	种仁含油率
1	91.11	11.75	6	90.22	12.29
2	92.47	14.16	7	90.84	11.50
3	92.31	11.92	8	90.75	11.26
4	90.35	9.48	9	88.09	10.50
5	90.02	11.71	10	90.37	11.34

（续表）

株号	种仁率	种仁含油率	株号	种仁率	种仁含油率
12	89.60	12.43	19	86.94	6.37
13	93.71	15.83	20	90.81	8.93
14	90.35	14.62	21	91.25	10.00
15	91.65	12.43	最大值	93.71	15.83
16	90.57	11.57	最小值	86.94	6.37
17	91.03	11.84	均 值	90.56	11.47
18	88.70	9.51			

据研究，云南野生的风吹楠（*Horsfieldia amygdalina*）种仁含油率为 60% 左右（胡永华，2010），滇南风吹楠（*H. tetratepala*）的为 50%~60%（许玉兰，2010a），琴叶风吹楠（*H. pandurifolia*）的为 50%~70%（许玉兰，2010b），分布于东南亚国家的肉豆蔻的种子含油率为 40%~73%（Wu, 2008）。与此相比，云南肉豆蔻种子的含油率相当低。将 17 株树（除去第 6、第 7、第 8、第 11、第 22 号）的种仁含油率和种子含油率与种子重、种宽和种长进行相关性分析，相关系数为 –0.3714~–0.2173，表现为负相关，但不显著。由于含油率是受环境影响较大的性状，植株所处的立地差异可能加大了含油率的株间变异。在 20 株树中，第 13 号植株的种仁含油率为 15.83%，种子含油率为 14.83%，总体说来含油率最高。结合表 14-1 数据，发现第 13 号植株的平均种长（40.85 mm）低于群体平均值（41.21 mm），而种宽（23.72mm）排名第二，平均单粒种子重（11.18g）排名第四，即种子不算大，但发育饱满。

14.6 脂肪酸成分测定

将提取的油脂用美国 Agilent Technologies 公司生产的 HP6890GC/5973MS 气相色谱 – 质谱联用仪和美国 Agilent Technologies 公司生产的 6890N 气相色谱仪进行测定。对 20 株树种子的种仁油进行脂肪酸组成分析，共检测到 14 种常见脂肪酸（表 14-3；表 14-4），分别为十二烷酸（12：0）、十三烷酸（13：0）、十四烷酸（14：0）、十五烷酸（15：0）、十六碳烯酸（16：1）、十六烷酸（16：0）、十七烷酸（17：0）、十八碳二烯酸（18：2）、十八碳烯酸（18：1）、十八烷酸（18：0）、二十碳烯酸（20：1）、二十烷酸（20：0）、二十二烷酸（22：0）、二十四烷酸（24：0），其中十八碳烯酸存在位置异构现象，即 C18：1（9）为主要成分，具有极少量的 C18：1（11）。其中，十四烷酸相对含量 53.58%~62.52%，均值为 58.56%，是相对含量最高的一类脂肪酸，这与文献报道的 66.79% 相接近（傅立国，1991）。其次，十八碳烯酸相对含量为 15.04%~19.06%，均值为 16.59%；第三，十六烷酸相对含量为 10.79%~14.07%，均值为 12.06%。十四烷酸、十六烷酸和十八碳烯酸三者的相对含量占 82.17%~91.11%，二十碳以下脂肪酸占了主要成分。饱和脂肪酸相对含量为 69.34%~78.28%，均值为 74.18%。饱和脂肪酸相对含量高，油脂化学性质稳定，可以作为工业用油。肉豆蔻的十四烷酸相对含量为 80%~90%，而云南肉豆蔻不足 70%，两种的差异明显。本研究中，采用 30~60℃沸程和 60~90℃沸程的两种石油醚对第 1 号和第 16 号植株的种子分别提取种仁油，再进行脂肪酸组成分析，结果表明两种沸程的石油醚提取的种仁油，其含油率及脂肪酸组成和相对含量相同，说明以 30~60℃沸程的石油醚就完全满足云南肉豆蔻种仁油的提取。

表 14-3　云南肉豆蔻脂肪酸成分及其结构式

序号	脂肪酸名称	结构式
1	十二烷酸（月桂酸），12：0	十二烷酸（12:0）
2	十三烷酸，13：0	十三烷酸（13:0）
3	十四烷酸（肉豆蔻酸），14：0	十四烷酸（14:0）
4	十五烷酸，15：0	十五烷酸（15:0）

（续表）

序号	脂肪酸名称	结构式
5	十六碳烯酸（棕榈油酸），16∶1（9）	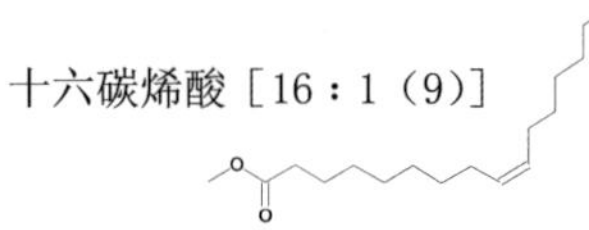 十六碳烯酸［16∶1（9）］
6	十六烷酸（棕榈酸），16∶0	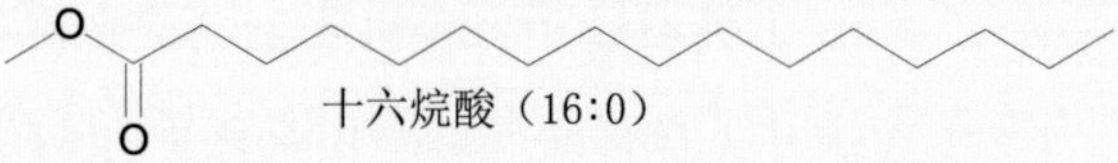 十六烷酸（16:0）
7	十七烷酸，17∶0	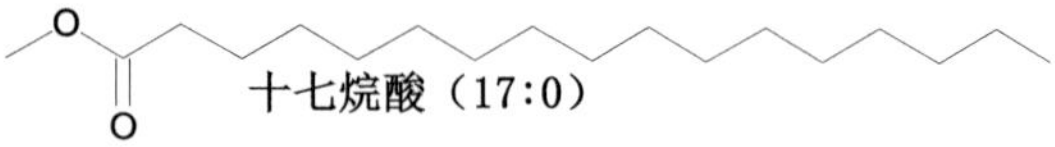 十七烷酸（17:0）
8	十八碳二烯酸（亚油酸），18∶2（9，12）	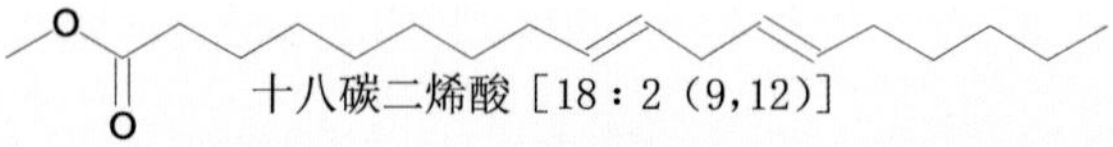 十八碳二烯酸［18∶2（9,12）］
9	十八碳烯酸（油酸），18∶1（9） 十八碳烯酸（异构），18∶1（11）	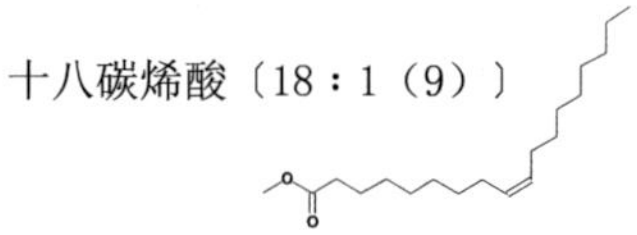 十八碳烯酸〔18∶1（9）〕
10	十八烷酸（硬脂酸），18∶0	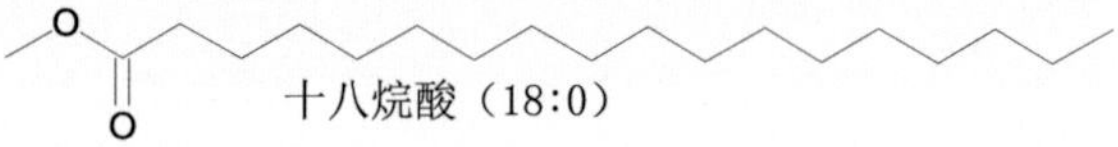 十八烷酸（18:0）
11	二十碳烯酸，20∶1（11）	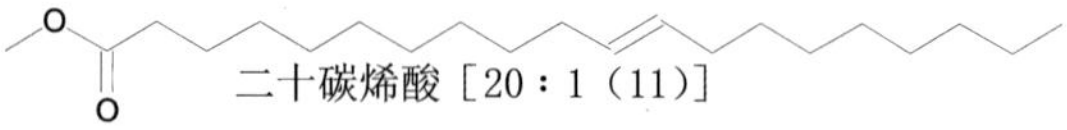 二十碳烯酸［20∶1（11）］
12	二十烷酸（花生酸），20∶0	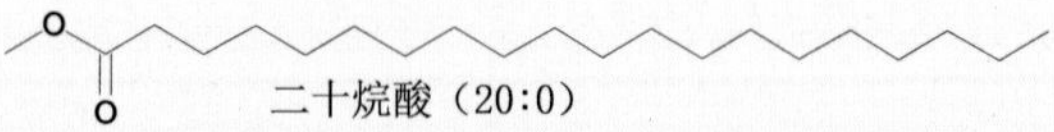 二十烷酸（20:0）
13	二十二烷酸（山萮酸），22∶0	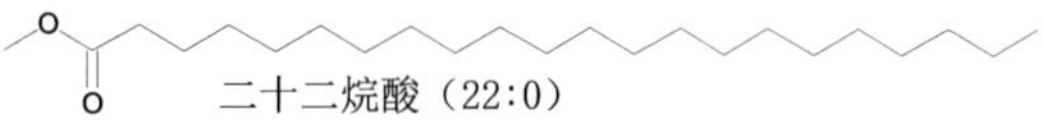 二十二烷酸（22:0）
14	二十四烷酸（木焦油酸），24∶0	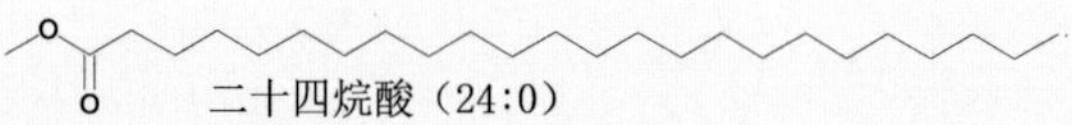 二十四烷酸（24:0）

表 14-4　云南肉豆蔻种子油脂肪酸组成及相对含量

/%

株号	C12 : 0	C13 : 0	C14 : 0	C15 : 0	C16 : 1	C16 : 0	C17 : 0	C18 : 2	C18 : 1	C18 : 0	C20 : 1	C20 : 0	C22 : 0	C24 : 0
1	1.06	0.08	60.29	0.08	0.20	13.15	0.06	5.40	16.91	1.92	0.33	0.15	0.07	0.09
2	1.08	0.08	61.59	0.07	0.18	10.99	0.05	5.78	17.39	1.98	0.41	0.15	0.08	0.08
3	0.87	0.07	58.90	0.08	0.25	11.92	0.06	5.94	19.06	1.93	0.45	0.18	0.08	0.11
4	1.16	0.07	55.45	0.08	0.30	12.91	0.05	4.88	15.14	1.40	0.29	0.13	/	0.09
5	1.16	0.08	55.56	0.07	0.26	11.48	0.06	5.86	15.13	1.71	0.33	0.16	/	0.10
6	0.98	0.07	55.93	0.07	0.20	12.61	0.05	5.45	17.06	1.62	0.35	0.14	/	0.08
7	1.25	0.08	59.73	0.08	0.17	12.03	0.05	4.55	15.04	1.61	0.30	0.13	/	0.07
8	1.24	0.08	61.42	0.08	0.18	11.75	0.06	5.23	17.09	1.86	0.40	0.14	0.07	0.10
9	1.36	0.09	58.88	0.07	0.18	11.53	0.05	4.75	15.86	1.54	0.34	0.12	/	0.08
10	1.15	0.08	62.52	0.07	0.18	12.49	0.05	5.18	15.75	1.59	0.32	0.14	0.09	0.10
12	1.32	0.07	59.38	0.06	0.15	11.12	0.05	4.77	16.21	1.80	0.39	0.14	/	0.08
13	1.29	0.08	62.25	0.08	0.26	12.08	0.06	5.19	15.82	1.95	0.34	0.16	0.09	0.09
14	1.15	0.08	58.77	0.07	0.14	11.01	0.05	4.55	17.58	1.98	0.40	0.15	/	0.07
15	1.09	0.07	56.37	0.07	0.18	12.71	0.06	4.18	17.30	2.26	0.36	0.20	/	0.09
16	1.10	0.07	57.87	0.07	0.17	11.75	0.05	4.38	15.72	1.72	0.32	0.13	/	0.10
17	1.39	0.08	61.39	0.06	0.12	10.79	0.05	4.56	15.34	1.84	0.38	0.13	/	0.07
18	1.19	0.07	57.27	0.07	0.28	11.19	0.06	5.65	16.29	1.78	0.38	0.16	/	0.13
19	1.04	0.07	53.58	0.09	0.24	12.43	0.07	5.42	17.64	1.80	0.36	0.14	/	0.12
20	1.10	0.07	60.60	0.08	0.20	13.64	0.05	5.00	16.87	1.64	0.28	0.13	0.07	0.09
21	0.97	0.07	56.85	0.08	0.24	14.07	0.06	6.36	18.76	1.59	0.32	0.13	0.06	0.09
最大值	1.39	0.09	62.52	0.09	0.30	14.07	0.07	6.36	19.06	2.26	0.45	0.20	0.09	0.13
最小值	0.87	0.07	53.58	0.06	0.12	10.79	0.05	4.18	15.04	1.40	0.28	0.12	0.06	0.07
均值	1.15	0.08	58.56	0.07	0.20	12.06	0.06	5.15	16.59	1.78	0.35	0.15	0.08	0.10

注：“/” 表示未检测到该脂肪酸成分，统计时剔除此数据。

据本课题组前期研究，琴叶风吹楠种子油的十四烷酸平均含量为 70.19%（毛常丽，2017），滇南风吹楠的为 47.21%，风吹楠的为 45.33%（许玉兰，2012），红光树的为 54.74%，假广子的为 25.27%，小叶红光树的为 24.09%（吴裕，2015a，2015b）。如果仅从脂肪酸组成看，作为以十四烷酸为主的工业用油，云南肉豆蔻也不失为一个好的树种。第 13 号植株的十四烷酸相对含量为 62.25%，排名第二（第 10 号植株排名第一，含量为 62.52%）。结合表 14-1 和表 14-2 数据，第 13 号植株发育饱满，含油率最高，十四烷酸相对含量也最高，在本次参试植株中算得上优良单株，但尚需进一步观察和测定，确认其性状是否具有良好稳定性。

14.7 小结

云南肉豆蔻在云南的分布区狭窄，呈点状片断化，目前只在西双版纳州勐腊县和景洪市的保护区内发现野生分布，种群数量少。通过种子表型的变异分析表明，群体遗传变异并不丰富。种子含油率为 5.54%~14.83%，油中十四烷酸相对含量为 53.58%~62.52%，比东南亚的肉豆蔻（分别为 40%~73%，80%~90%）明显要低。

云南肉豆蔻的种群数量少，但是也并非文献记录的“仅存零星分布的 20 余株已生长不良”那样惨重。云南肉豆蔻开花结实正常，种子发育良好，种子自然萌发率约为 50%，在分布区内容易发育成苗，正常情况下种群繁衍不会有问题，物种的自身原因不是致危的主要因素。据调查，云南肉豆蔻受到的威胁主要来自于人类的破坏，现有植株的分布点呈单株或小居群状态，其下游早已变成农田，失去种群恢复和发展的地域空间。

参考文献

傅立国，金鉴明 . 1991. 中国植物红皮书（第一册）[M] . 北京：科学出版社，472-473.

胡永华，吴裕，许玉兰 . 2010. 风吹楠种子油的脂肪酸成分分析 [J] . 热带农业科技，33(4)：27-28.

贾天柱，李军，田丰 . 1995. 肉豆蔻和肉豆蔻衣及其炮制品中脂肪酸成分分析 [J] .

中药材，18(11)：564-565.

李玉缓 . 2005. 云南国家重点保护野生植物［M］. 昆明：云南科技出版社，256-257.

毛常丽，张凤良，杨晓玲，等 . 2017. 珍稀琴叶风吹楠种子主要脂肪酸成分变化规律研究［J］. 西南大学学报（自然科学版），39(1)：76-82.

吴裕，毛常丽，张凤良，等 . 2015a. 红光树属 3 个种的种子脂肪酸测定［J］. 热带农业科技，38(3)：28-29，41.

吴裕，毛常丽，张凤良，等 . 2015b. 琴叶风吹楠（肉豆蔻科）分类学位置再研究［J］. 植物研究，35(5)：652-659.

吴征镒，路安民，汤彦承，等 . 2003. 中国被子植物科属综论［M］. 北京：科学出版社 .

西双版纳国家级自然保护区管理局，云南省林业调查规划院 . 2006. 西双版纳国家级自然保护区［M］. 昆明：云南教育出版社，241-365

许玉兰，蔡年辉，吴裕，等 . 2012. 几中风吹楠属植物脂肪酸成分分析［J］. 中国油脂，37(5)：80-82.

许玉兰，吴裕，杨晓玲，等 . 2010a. 滇南风吹楠种子油脂的提取及脂肪酸成分分析［J］. 安徽农业科学，38(8)：3993，3999.

许玉兰，吴裕，张夸云，等 . 2010b. 珍稀油料树种琴叶风吹楠种子含油量及脂肪酸成分分析［J］. 贵州农业科学，38(7)：163-166.

云南省植物研究所 . 1977. 云南植物志（第一卷）［M］. 北京：科学出版社，8-13.

郑国平，李东星 . 2013. 肉豆蔻和肉豆蔻衣脂肪酸成分的比较研究［J］. 石河子科技，(4)：16-18.

中国植物志编辑委员会 . 1979. 中国植物志（第三十卷）［M］. 北京：科学出版社，194-205.

Alessandra Piras, Antonella Rosa, Bruno Marongiu, *et al*. 2012. Extraction and separation of volatile and fixed oils from seeds of *Myristica fragrans* by supercritical CO_2: chemical composition and cytotoxic activity on caco-2 cancer cells［J］. Journal of Food Science,77(4): 448-453.

Wu Z Y, Raven P H, Hong D Y. 2008. Flora of China:Vol. 7［M］. BeiJing: Science Press, 96-101.

云南肉豆蔻植株高大，景洪基诺，2019

第15章 红光树属研究概述

15.1 引言

红光树属（*Knema*）是亚洲分布属，又称为争光木属或拟肉豆蔻属，有85~90种，分布于西藏南部（亚鲁藏布江下游之墨脱县一带）、印度半岛、中南半岛、马来西亚、菲律宾、巴布亚新几内亚一带（云南省植物研究所，1977；中国植物志编辑委员会，1979；王荷生，1992；叶脉，2004；Wu，2008）。云南分布区属于红光树属现在分布区的北缘，从滇西的德宏州和临沧市，到滇西南的西双版纳州和普洱市，再到滇南的红河州一带有少量野生资源，其中西双版纳州资源分布最集中。在云南分布区，红光树属种数最多，海拔跨度最大，生境类型多样，但是作为热带分布科的成分，还是离不开热带雨林。由于红光树属在云南的野生种较多，但是只有个别种的资源量较大，其余大多数种的分布区狭窄，资源量极少。本章以红光树属作为一个整体进行介绍。

15.2 红光树属分类学简介

红光树属由 Loureiro 于1790年建立，以希腊文 *Knema* 命名，意为碎屑，我国学者翻译成“红光树属”“争光木属”或“拟肉豆蔻属”，文献中常用“红光树属”。本属已知有85~90种，据文献记录云南有6种，或5种和1变种，分别为红光树、大叶红光树、小叶红光树、假广子、密花红光树和狭叶红光树（表15-1）。根据《云南植物志》《中国植物志》和《Flora of China》的记录，这6个种都是国外学者命名发表，虽然针对云南野生的植株其中文名称一直保持不变，但是不同学者针对这些“中文名种”应归入哪个“拉丁名种”存在争议。《中国植物志》基本上沿用了《云南植物志》的资料，只是将狭叶红光树的变种名“*K. cinerea* var. *andamanica*”改成“*K. cinerea* var. *glauca*”，另外，新增加一个种“密花红光树（*K. conferta*）”；2008 年出版的《Flora of China》则改动较大，只有大叶红光树（*K. linifolia*）和小叶红光树（*K. globularia*）未变更，其他 4 个种都进行了调整，详见表 15-1。另据《Flora of China》记录，胡先骕先生曾经于 1938 年命名发表的“*Knema yunnanensis*”，在后来就没有人见过材料，所以在《Flora of China》中没有进行处理，但实际上在《云南植物志》和《中国植物志》中已经并入假广子（*K. erratica*）。不再讨论。

表 15-1　红光树属 6 个种的分类信息

中文种名	云南植物志	中国植物志	Flora of China	云南分布区
红光树	*K. furfuracea*	*K. furfuracea*	*K. tenuinervia*	盈江、西双版纳、金平
大叶红光树	*K. linifolia*	*K. linifolia*	*K. linifolia*	沧源
小叶红光树	*K. globularia*	*K. globularia*	*K. globularia*	盈江、沧源、西双版纳、屏边、河口
假广子	*K. erratica*	*K. erratica*	*K. elegans*	瑞丽、沧源、西双版纳
密花红光树	（无记录）	*K. conferta*	*K. tonkinensis*	沧源
狭叶红光树	*K. cinerea* var. *andamanica*	*K. cinerea* var. *glauca*	*K. lenta*	瑞丽、勐腊

15.3　红光树属野生分布调查

根据《云南植物志》《中国植物志》《Flora of China》《云南省铜壁关自然保护区科学考察研究》《中国南滚河国家级自然保护区》《糯扎渡自然保护区》《西双版纳国家级自然保护区》《西双版纳纳板河流域国家级自然保护区》等的记录，红光树属植物在盈江、瑞丽、沧源、澜沧、勐海、思茅、景洪、勐腊、金平、屏边、河口等地有野生分布（云南省植物研究所，1977；中国植物志编辑委员会，1979；杨宇明，2004，2006；西双版纳国家级自然保护区管理局，2006；Wu，2008）。将红光树属在云南分布情况的调查结果标注于图 15-1，其中，红光树野

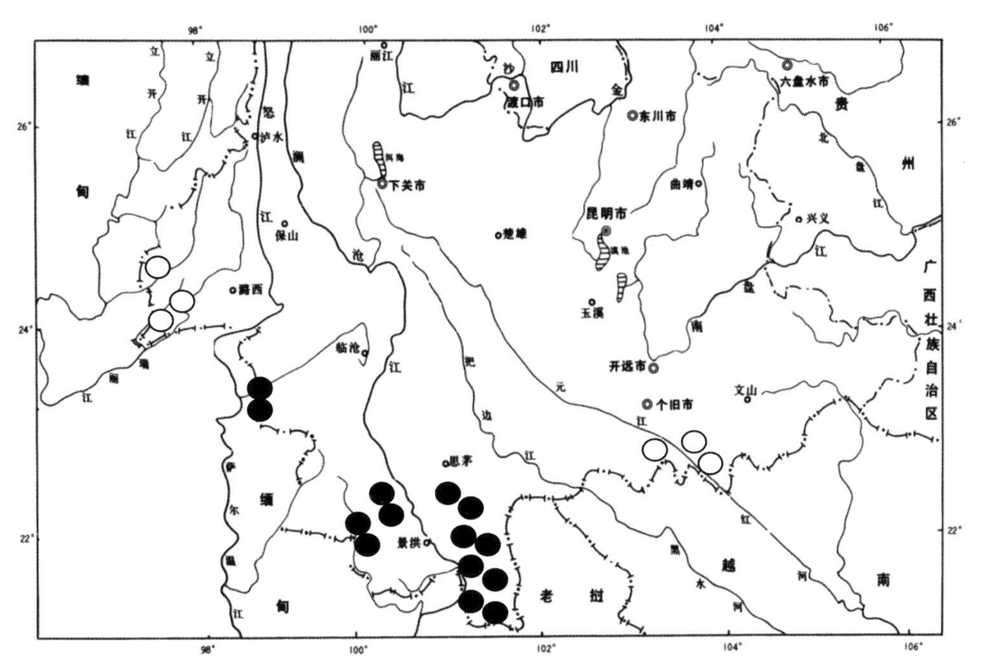

图 15-1　云南野生红光树属植物分布示意

○文献记录有分布，本次调查未发现；●本次调查有分布，文献也有记录

图 15-2　红光树（勐腊象明山脊，2014）

图 15-3　假广子（勐海西定，2014）

生资源量最大，分布于热带季节雨林、落叶季雨林、石灰山季雨林，单株散生或集群分布，一般为第二层和第三层树种，仅少数山坡或山脊地段为第一层树种（图 15-2）；假广子在勐腊勐仑镇附近山地有少量零星分布，勐海西定章朗村集群分布，海拔约 1 600 m，与壳斗科（Fagaceae）群落交错，这是目前已知分布海拔最高的居群（图 15-3）；小叶红光树在勐腊县的南沙河流域和勐腊县城附近森林有野生分布（图 15-4）；狭叶红光树只在勐腊勐仑（西双版纳热带植物园）有少量人工保存，未见野生分布（图 15-5）；大叶红光树和密花红光树仅见分布于沧源县南滚河流域（图 15-6、图 15-7）。本研究中主要采样点及植株信息列于表 15-2。

图 15-4　小叶红光树
（勐腊南沙河，2009）

图 15-5　狭叶红光树，叶背面
（勐腊勐仑，2018）

图 15-6　大叶红光树
（沧源南滚河，2018）

图 15-7　密花红光树
（沧源南滚河，2017）

表 15-2　红光树属采样地点与植株基本信息

植株编号	中文种名	采集地点	经度	纬度	海拔 /m
20140403	红光树	景洪普文	101° 05.567′	22° 25.726′	825
20140407	红光树	勐腊勐远	101° 26.051′	21° 38.493′	989
20140418	红光树	景洪城郊	100° 53.189′	22° 02.081′	749
20140425	红光树	勐海打洛	100° 02.391′	21° 40.664′	660
20140430	红光树	勐海勐宋	100° 36.369′	22° 14.707′	900
20140457	红光树	景洪基诺	101° 05.000′	21° 58.550′	860
20190201	红光树	勐腊象明	101° 19.720′	22° 08.570′	820
20140475	大叶红光树	沧源班洪	99° 04.390′	23° 16.433′	613
20161105	大叶红光树	沧源班洪	99° 04.390′	23° 16.433′	613
20090401	小叶红光树	勐腊南沙河	101° 33.767′	21° 36.753′	704
20140601	假广子	勐海西定	100° 07.383′	21° 54.707′	1538
20140606	假广子	勐海西定	100° 08.161′	21° 52.821′	1644
20161101	密花红光树	沧源班洪	99° 01.013′	23° 16.943′	750
20140469	狭叶红光树	勐腊勐仑	101° 05.100′	21° 57.000′	570

15.4　红光树属生物学特征

根据《中国植物志》和《云南植物志》描述，红光树属为常绿乔木，主干通直，侧枝平展或下垂；叶坚纸质至革质，背面通常被白粉或被锈色绒毛；雌雄异株，花序腋生或生于落叶的叶腋；花通常较大（直径 3 mm 以上），花丝合生成盾状的盘，花药 8~20 枚，分离，基部贴生于盘的边缘，成齿状分离或星芒状分叉，绝不直立；雌花花柱短而肥厚，柱头合生成具浅裂或边缘牙齿状或撕裂状的盘；果皮肥厚，通常被绒毛；红色假种皮先端撕裂或完整；种子两端圆。

本章不讨论红光树属植物的分类学问题，仅根据文献的记录和描述进行野外调查和采样。其中红光树和大叶红光树叶长达 40cm 以上，明显区别于其他 4 个种，这 2 个种被 de Wilde 称之为相似种（de Wilde，1979）。根据国内文献，大叶红光树只在沧源县有分布记录，而在沧源县却没有红光树的分布记录，调查中发现这 2 个种很相似，将于以后进行“红光树和大叶红光树的比较”研究。下面依次将假广子、小叶红光树、密花红光树、狭叶红光树的调查情况简单介绍。

假广子：只见分布于勐海西定和勐腊勐仑天然林内。在勐海西定海拔1 600 m森林中呈集群分布于湿润的山坡或沟谷，是本次调查的主要采样点。假广子为高大乔木，树干通直，侧枝平展，小枝被锈毛；叶椭圆状披针形至窄披针形，基部楔形至圆形，先端渐尖至长渐尖；老叶正面绿色，具良好光泽，背面具灰褐色毛（或粉），主侧脉20~30对；幼叶两面被灰褐色毛（或粉）；雌雄异株（偶见雄株具少量雌花，且正常结实）；雄花序被锈色毛，花梗长1 cm以下，小苞片生于花梗下部、中部至上部（株内连续变异）；雄花被常3裂（稀4裂），内面浅红色；雄蕊盘三角状圆形，红色，顶面略鼓，花药8~12枚；雌花被锈毛，小花梗长0.5 cm以下，小苞片生于花梗近中部；花被3裂，内面浅红，子房浅红，柱头绿色，先2裂再2裂，或直接4裂（图15-8、图15-9）；果卵球形或椭圆形，果皮被锈褐色毛；假种皮红色至深红色，先端撕裂；种子两端圆，胚位于种子基部；幼苗不具鳞叶（图15-10至图15-13）。本次调查表明，2018年10月至2019年2月花期集中，但是在勐腊勐仑发现1株雄株，2019年5月开花；据近几年调查，果实成熟期在6—7月。

图15-8　假广子
（雄花枝，勐腊勐仑，2018）

图15-9　假广子
（雌花枝，勐海西定，2018）

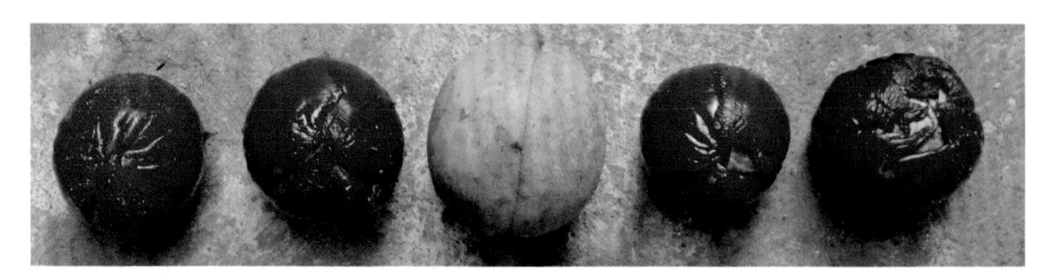

图15-10　假广子（果实，勐海西定，2014）

图 15-11　假广子（种子，勐海西定，2014）

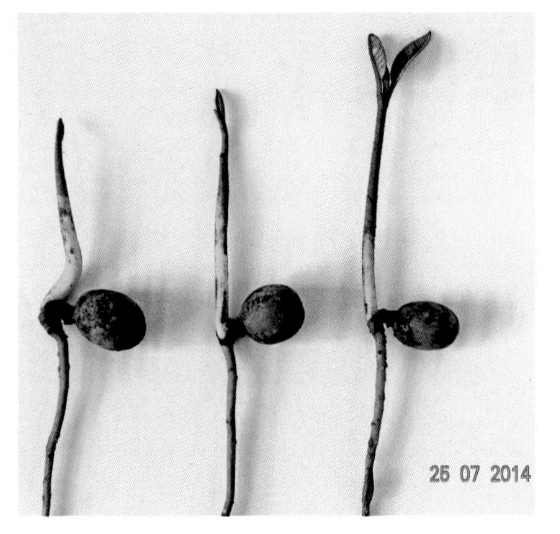

图 15-12　假广子（种子萌发，2014）

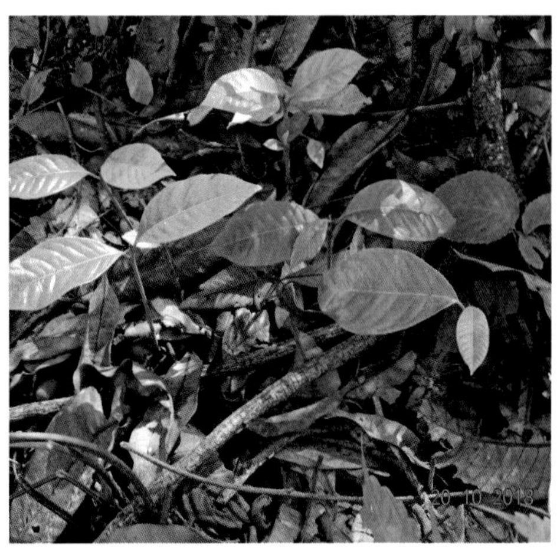

图 15-13　假广子（野生幼苗，2018）

小叶红光树：只见分布于勐腊县南沙河流域和勐腊县城附近天然林内，西双版纳热带植物园有少量人工保存。小叶红光树植株体量相对较小，呈单轴分枝形，侧枝明显呈层性分布，平展而稍下垂，幼枝密被锈色毛，老时渐无毛；叶片正面灰绿色，背面灰白色；小叶红光树叶片与其他几个种相比，最明显的特点是叶片向背面弯曲（呈弓形），叶形态变异大，呈长圆形、披针形、倒披针形、线状披针形，或者呈不规则的波状收缩（图 15-14、图 15-15）。雌雄异株。雄花蕾呈三角状扁球形，被锈褐色毛，小苞片生于小花梗中部至花被基部（株内变异），花被 3 裂，内面近白色，雄蕊盘略呈三角状圆形，顶面边缘红色；雌花蕾长形，中部略收缩，近葫芦形，被锈褐色毛，小苞片紧挨花被片，花被 3 裂，内侧近白色，子房被锈色毛，柱头 2 裂（图 15-16、图 15-17）；果实椭圆形至近圆球形，或多或少被锈色毛，基部具宿存的环状花被管基；果实成熟，果皮自然开裂；假种皮深红色，完全包被种子或顶端微撕裂；种子卵球形至近球形，表面褐色（图15-18、图15-19）。在勐腊勐仑，2018年6月果实成熟，2018年9—11月开花；在勐腊南沙河2009年4月果实成熟。总体上，叶和果实的形态和大小在株间变异较大。

图 15-14　小叶红光树
（勐腊勐仑，2018）

图 15-15　小叶红光树
（勐腊南沙河，2018）

图 15-16　小叶红光树
（雄花枝，勐腊勐仑，2018）

图 15-17　小叶红光树
（雌花枝，勐腊勐仑，2018）

图 15-18　小叶红光树（成熟果实，勐腊勐仑，2018）

图 15-19 小叶红光树（成熟种子，勐腊南沙河，2009）

密花红光树：国内文献记录只发现沧源县南滚河有野生分布，本次调查也仅在此区域发现野生植株，且资源量很少。本次调查在南朗村海拔 800m 左右沟谷，以及红卫桥附近海拔 600m 左右河谷采集到标本。

《云南植物志》没有记录本种，《中国植物志》记录密花红光树（*K. conferta*）时有个说明"本种除花未见外，各部特征均与原描述和马来半岛的标本基本相符，仅毛被稍有差异，由于未见到花，暂将国产的标本归入此种内，待今后进一步补充订正"，其检索表中记为"花柱几无，柱头 3 裂"。在《Flora of China》中将此国产种归入 *K. tonkinensis*，描述为"female flowers not known"。根据引用文献追踪，发现《New Account of the Genus *Knema* (Myristicaceae)》一文中，*K. tonkinensis* 描述为"Female flowers not seen"。本次调查活动依据中国南滚河国家级自然保护区科学考察报告的记录，由当年参加科学考察的赵金超高级工程师带队进行实地踏查和鉴定，根据植株形态记录。

中小乔木，侧枝平展至下垂；幼枝密被灰褐色毛，老时渐无；叶纸质至近革质，叶长圆状披针形至狭椭圆形，长 10~25 cm，宽 3~6cm，基部楔形至近圆形，先端圆钝、渐尖至锐尖；正面灰绿色，稍具光泽，背面灰白色密被灰褐色毛；中脉两面突起，主侧脉正面平或微凹，背面突起，叶脉背面绿色（图 15-20）；雌花序生落叶之叶腋，总梗几无，小花梗长不足 1cm，花梗及花被具浅褐色毛，小苞片着生于小花梗下部至上部（株内变异）；花被 3 裂，裂片先端具内向钩，内侧肥厚，黄色；子房被紫褐毛，花柱绿色，柱头 2 裂，稀 3 至多裂（图 15-21、图 15-22）。果单生或 2~3 个聚生，椭圆形，两端钝，顶具微小突尖，基部具宿存的环状花被管基，外面密被锈色毛（图 15-23）。本调查未采到雄花的标本；采到的果实也未完全成熟，所以未描述假种皮和种子的特征，待后续补充。

图 15-20　密花红光树（沧源南滚河，2018）

图 15-21　密花红光树
（雌花枝，沧源南滚河，2018）

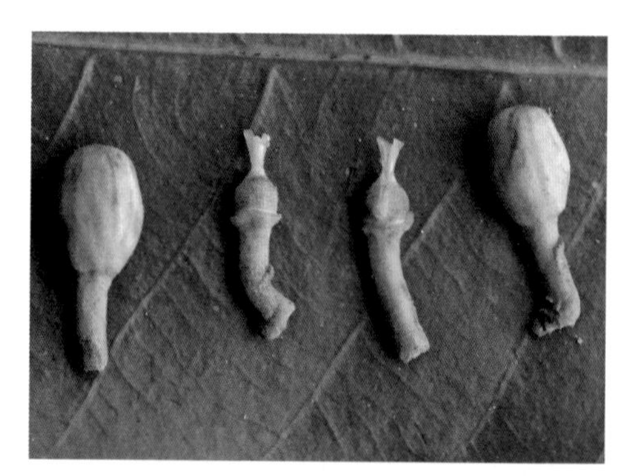

图 15-22　密花红光树
（子房，沧源南滚河，2018）

图 15-23　密花红光树（果实，沧源南滚河，2017）

狭叶红光树：根据文献记录，在瑞丽和勐腊有分布，本次调查未见到野生植株，只见在西双版纳热带植物园有人工保存（树上挂牌为狭叶红光树，根据“柱头 2 裂，每裂片具 3~4 浅裂”的特征进一步确认）。植株呈单轴分枝型，侧枝平展至下垂，小枝和幼叶密被锈褐色毛（或粉）。叶纸质至坚纸质，长方状披针形至线状披针形，长 10~25cm，宽 3~5cm，先端渐尖至锐尖，基部楔形至近圆；成熟叶片正面无毛，绿色，具光泽，背面灰白，被白粉；主脉两面隆起，主侧脉正面微（或不）隆起，背面隆起（图 15-24）。雌雄异株。雄花序被锈色毛，总梗长 0.5 cm，小梗长约 1cm，小苞片着生位置从下部至上部的变异（株内变异），花蕾三角状卵形至扁球形，花被 3 裂，内侧淡红；雄蕊盘三角状圆形，顶面红色，雄蕊多至 18 枚；雌花序被锈色毛，花蕾近倒卵圆形，或中部微收缩呈葫芦形，具棱，小苞片着生位置中部至上部；花被 3 裂，肉质增厚，内侧淡红，柱头 2 裂，每裂片再齿状分裂（图 15-25 至图 15-29）。果实 2018 年 6—7 月成熟，形态特征与假广子相似；2018 年 10 月开花。

图 15-24　狭叶红光树
（勐腊勐仑，2018）

图 15-25　狭叶红光树
（雄花枝，勐腊勐仑，2018）

图 15-26　狭叶红光树
（雄花蕾，勐腊勐仑，2018）

图 15-27　狭叶红光树
（雄花，勐腊勐仑，2018）

图 15-28　狭叶红光树
（雌花枝，勐腊勐仑，2018）

图 15-29　狭叶红光树
（雌花枝，勐腊勐仑，2018）

15.5　红光树属种子油脂成分测定

在云南野生的肉豆蔻科植物中，红光树属的种子最小，含油率也不高。本次研究采集了勐海西定的假广子、勐腊的红光树和小叶红光树进行油脂提取分析。结果表明，3 个种的种仁含油率为 18%~30%，由于样本量小，不能代表群体变异式样。3 个种共 8 个样品油脂均为棕黄色至棕褐色，同一树种的种子，其油脂颜色也存在差异，但是 3 个种的种间差异不明显。常温下为液体至膏状体，稍降温即凝固（图 15-30、图 15-31）。

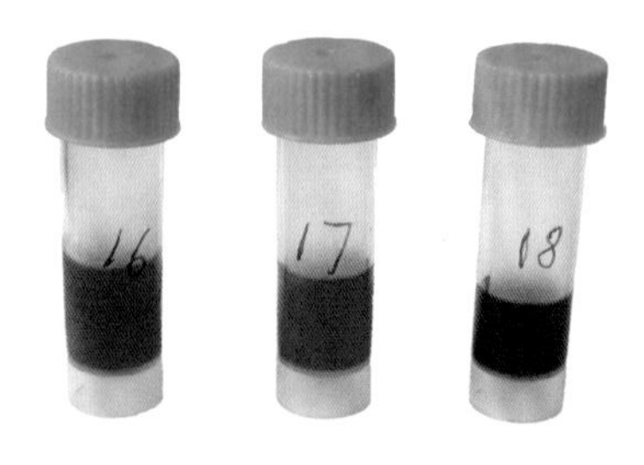

图 15-30　假广子（油脂，2014）

图 15-31　红光树（油脂，2014）

通过气相色谱 – 质谱（GC/MS）分析，3 种植物共检测到 16 种脂肪酸，其中 3 个种都含有的脂肪酸为 11 种（表 15-3）。通过气相色谱定量分析，脂肪酸相对含量总数为 97.21%~99.43%，其中相对含量大于 1% 的有 6 种，共同的 11 种脂肪酸相对含量为 96.51%~99.27%。

红光树的十八碳烯酸含量为 30.05%~36.95%，十四烷酸为 54.20%~ 58.64%，十六烷酸为 5.42%~7.41%；假广子的十八碳烯酸含量为 47.82%~59.12%，十四烷酸为 18.74%~30.95%，十六烷酸为 10.60%~16.47%；小叶红光树的十八碳烯酸含量最高（55.37%），依次为十四烷酸（24.09%）、十六烷酸（11.71%）。这 3 个种的油脂都以十四烷酸、十六烷酸和十八碳烯酸为主，总相对含量为 90.85%~95.24%，具有重要的工业应用价值。

表 15-3　红光树属 3 个种的脂肪酸成分含量　/%

序号	脂肪酸	小叶红光树		假广子				红光树				
		01	平均	16	17	18	平均	19	20	21	22	平均
1	十二烷酸	0.24	0.24	0.44	1.5	3.75	1.90	0.25	0.26	0.3	0.4	0.30
2	十三烷酸							0.02	0.01	0.03	0.02	0.02
3	十四碳烯酸	0.68	0.68					0.09	0.05	0.06	0.06	0.07
4	十四烷酸	24.09	24.09	30.95	26.12	18.74	25.27	56.66	54.20	58.64	49.46	54.74
5	十五烷酸	0.01	0.01	0.06	0.01	0.01	0.03	0.05	0.05	0.04	0.05	0.05
6	十六碳烯酸	0.57	0.57	0.32	0.36	0.48	0.39	0.17	0.22	0.13	0.21	0.18
7	十六烷酸	11.71	11.71	16.47	10.60	12.99	13.35	6.03	6.95	5.42	7.41	6.45
8	十七烷酸			0.04	0.01	0.01	0.02					
9	十八碳二烯酸	2.53	2.53	1.26	1.3	1.58	1.38	1.25	0.92	0.66	1.08	0.98
10	十八碳烯酸	55.37	55.37	47.82	57.33	59.12	54.76	31.4	31.3	30.05	36.95	32.43
11	十八烷酸	0.74	0.74	1.26	0.87	0.81	0.98	1.21	1.11	1.16	0.99	1.12
12	2- 辛基环丙基辛酸							0.08	0.06	0.08	0.07	0.07
13	二十碳烯酸	1.00	1.00	0.55	0.72	0.59	0.62	1.77	1.89	2.43	1.47	1.89
14	二十烷酸	0.06	0.06	0.06	0.07	0.05	0.06	0.18	0.19	0.24	0.14	0.19
15	二十二烷酸	0.02	0.02					0.08	0.08	0.09	0.07	0.08
16	二十四烷酸	0.19	0.19	0.08	0.11	0.11	0.10	0.12	0.11	0.1	0.12	0.11
	合 计	97.21	97.21	99.31	99.00	98.24	98.85	99.36	97.40	99.43	98.50	98.67

15.6　小结

本章介绍的 4 个种资源量都很小，不能开展群体变异分析，也不明确群体变异式样，所以关于种内变异和种间差异不好界定。调查中发现，雄花小苞片在小花梗上的着生部位变异大，在株内存在从下到上的连续变异；花药着生于雄蕊盘周围，极小，花药具柄或无柄不易区分；雄蕊盘表面“凹—平—凸”是雄花发育过程中不同时间的表现，蕾期雄蕊盘极凹，随着雄花成熟，雄蕊盘逐渐平展成盾状，成熟时或平或凸；雄蕊盘为三角状圆形，即使是花被 4 裂的雄花，雄蕊盘也保持三角状圆形。雌花小苞片着生部位也存在一定变异；分布于沧源南滚河流域的密花红光树雌花蕾中部略鼓，而分布于澜沧江流域的假广子、小叶红光树和狭叶红光树雌花蕾中部略收缩（近葫芦形）；柱头 2 裂是共性特征，每裂片再次分裂的特征存在差异，但是种内变异如何尚不清楚。种子特征种内变异较大，4 个种的胚都位于种子基部，种子萌发幼苗不具鳞叶。

按文献记录，假广子和狭叶红光树的区别主要表现为：前者叶较宽，柱头 2 裂，每裂片再 2 裂；后者叶较窄，柱头 2 裂，每裂片再 3~4 齿裂。但是调查中发现此 2 种极相似，很难区分，叶形变异完全交叉；柱头本来就很小，分裂形态存在株内变异，以柱头裂片再次分裂的特征用于形态分类的差异指标不易操作。红光树属为雌雄异株，但发现假广子和红光树偶见雌雄同株（图 15-32）。

图 15-32　红光树（雌雄同株个体，勐腊象明，2019 年 2 月 20 日）

参考文献

王荷生 . 1992. 植物区系地理［M］. 北京：科学出版社 .

西双版纳国家级自然保护区管理局，云南省林业调查规划院 . 2006. 西双版纳国家级自然保护区［M］. 昆明：云南教育出版社 .

杨宇明，杜凡 . 2004. 中国南滚河国家级自然保护区［M］. 昆明：云南科技出版社 .

杨宇明，杜凡 . 2006. 云南铜壁关自然保护区科学考察研究［M］. 昆明：云南科技出版社 .

叶脉 . 2004. 中国肉豆蔻科植物分类研究［D］. 广州：华南农业大学 .

云南省植物研究所 . 1977. 云南植物志（第一卷）［M］. 北京：科学出版社 .

中国植物志编辑委员会 . 1979. 中国植物志（第三十卷第二分册）［M］. 北京：科学出版社 .

de Wilde W J J O. 1979. New account of the genus *Knema* (Myristicaceae)［J］. Blumea，25(2)：321-478.

Wu Z Y，Raven P H，Hong D Y. 2008. Flora of China (Vol. 7)［M］. BeiJing：Science Press.

赵金超高级工程师带队野外考察，2018

第16章 琴叶风吹楠分类学位置探讨

16.1 引言

在本书中我们用10章的篇幅讨论了琴叶风吹楠的遗传变异，用4章的篇幅对中国野生肉豆蔻科其它属种进行了介绍，在此基础上我们将于本章探讨琴叶风吹楠的分类学位置。

我国植物学家胡先骕先生同时发表“提琴叶贺得木 *Horsfieldia pandurifolia*”和“长序梗贺得木 *H. longipedunculata*”，1977年出版的《云南植物志》将两种合并，名之“琴叶风吹楠 *Horsfieldia pandurifolia* Hu”（胡先骕，1963；云南省植物研究所，1977）。1975年，琴叶风吹楠被归并入 *H. macrocoma*，但是因为两种的花序、果实及种子特征明显不同，而在1979年出版的《中国植物志》中分开处理，后来国内的诸多著作都沿用 *Horsfieldia pandurifolia* 这个学名，并记为云南特有种（中国植物志编辑委员会，1979；汪松；2004；傅立国，1991；2000）；de Wilde（1984）在审校风吹楠属植物时，将琴叶风吹楠归并入 *H. prainii*，再将 *H. prainii* 作为亚种归并入 *H. macrocoma*，然后将 *H. macrocoma* 作为模式种建立一个新属 *Endocomia* de Wilde，命名为 *E. macrocoma* ssp. *prainii*。虽然 de Wilde 在论文中指出，*H. macrocoma* 作为模式种是以 *Myristica macrocoma* 为基础，但是琴叶风吹楠已被归并入其中，也就可以理解为“琴叶风吹楠也是建立 *Endocomia* 属的模式种”。*Endocomia* 属得到国外学者的承认，而且他们从形态学和分子生物学方面进一步获得了证据，证明 *Endocomia* 与 *Horsfieldia* 的亲缘关系较远（Sauquet, 2003a, 2003b; Doyle, 2004, 2008）。吴征镒（2003）在《中国被子植物科属综论》一书中承认了 *Endocomia*，译为内毛楠属，对琴叶风吹楠并入 *E. macrocoma* ssp. *prainii* 的处理未提出异议。叶脉（2004）认为 *Endocomia* 和 *Horsfieldia* 两属的分类界限不明，取消了 *Endocomia* 属，恢复 *H. macrocoma*。在 2008 年出版的《Flora of China》中，李秉滔取消了 *Endocomia* 属，将琴叶风吹楠的学名改为 *H. prainii*，名之“云南风吹楠”（Wu, 2008）。

追溯命名的历史得知：*Myristica prainii* King（1891）处理为 *Horsfieldia prainii*（King）Warb.（1897）；*Myristica macrocoma* Miq.（1864）处理为 *Horsfieldia macrocoma*（Miq.）Warb.（1897）。按照“国际植物命名法规”的优先律（law of priority）原则，两种合并后，哪个学名在先发表，则以哪个学名为主，其余名称均作为异名处理。de Wilde（1984）的处理结果是：*Horsfieldia macrocoma* 包括 3 个亚种，分别是 subsp. *macrocoma*、subsp. *longipes* 和 subsp. *prainii*，而李秉滔则恢复了 *H. prainii* 的种级地位（Wu, 2008）。

总结文献，国内外学者一致赞同 *H. pandurifolia*、*H. prainii* 和 *H. macrocoma* 合并。意见分歧的关键是：国外学者认为 *H. macrocoma*（含 *H. prainii*、*H. pandurifolia*）应从 *Horsfieldia* 属中分出来，作为模式种建立 *Endocomia* 属，命名为 *E. macrocoma*；国内学者认为 *Endocomia* 不成立，予以取消，即 *H. macrocoma*、*H. prainii* 和 *H. pandurifolia* 继续保留于 *Horsfieldia* 属。我们的研究发现在诸多国内著作中对 *H. pandurifolia* 的形态描述存在不少问题，甚至是明显错误，研究结果倾向于支持国外学者的观点。

所以，本章探讨的重点是：琴叶风吹楠（*H. pandurifolia*）是否应该从风吹楠属（*Horsfieldia*）中分出来建立 *Endocomia* 属？

16.2 研究材料

虽然《Flora of China》对部分物种进行了归并处理，但为了交流和引用文献的方便，采用《云南植物志》和《中国植物志》记录的物种名称。采集材料包括琴叶风吹楠（*Horsfieldia pandurifolia*）、风吹楠（*H. amygdalina*）、大叶风吹楠（*H. kingii*）、滇南风吹楠（*H. tetratepala*）、海南风吹楠（*H. hainanensis*）、红光树（*Knema furfuracea*）、大叶红光树（*K. linifolia*）、小叶红光树（*K. globularia*）、假广子（*K. erratica*）、狭叶红光树（*K. cinerea*）、密花红光树（*K. conferta*）、云

南肉豆蔻（*Myristica yunnanensis*）。采样时注意同种内尽量包括较大的形态差异和地理范围。除海南风吹楠采自广西凭祥市以外，其余物种都采自云南省西双版纳州、澜沧县、双江县、沧源县和盈江县。

16.3 研究方法

16.3.1 形态学分析

在野外调查、标本采集和种内变异式样分析的基础上进行种间比对。由于叶和花的形态在文献中的记录比较清楚，而且花形态在种内变异较大，琴叶风吹楠的花被裂片数在同株内都存在变异，因此对采集标本主要观察果皮、假种皮、种子形态、种皮颜色、种子疤痕、胚位置，种子播种后观察发芽孔位置、初生不育叶（鳞叶）有无、幼叶被毛等具有决定性差别的形态学指标。

16.3.2 种子油脂化学分析

采集成熟的新鲜种子单株编号，以 36℃鼓风干燥保存，提取种仁油脂，以 GC/MS 方法定性分析后，再以 GC 方法定量分析，获得各脂肪酸成分的相对含量（脂肪酸测定方法同第 5 章）。分析各脂肪酸相对含量的种内变异式样，再进行种间比较。分析常见脂肪酸含量组成差异的相关性和特异脂肪酸的专属性。

16.3.3 分子生物学分析

以木兰科（Magnoliaceae）的黄兰（*Michelia alba*）和白兰（*M. champaca*）为外类群。2014 年 4—6 月采集野生肉豆蔻科（Myristicaceae）植物的营养器官统一提取全 DNA 后，送北京鼎国昌盛生物技术有限责任公司使用 AFLP 分子标记的方法进行选扩，选扩后的产物经 ABI PRISM 377 sequencer 测序仪自动统计数据，用 GENESCAN 软件进行分析得到 0/1 矩阵，获得数据人工校对后用 NTSYSpc-2.10e 中的 SimQual 程序求得 DICE 遗传相似性系数，用 SHAN 程序中的 UPGMA 方法基于相似系数进行聚类分析，并通过 Tree Plot 模块生成聚类图。

16.4 形态学证据

经典的植物分类学一直以植物形态学和植物地理学为基础，虽然现代植物分类学可利用的分类学资料越来越丰富，但外部形态特征仍然是主要依据（王良民，2011）。根据形态学的理论，形态特征间断是分种的一个主要原则，但不能绝对化（徐炳声，1998），亲缘关系很近的种集合成属，属内各个种具有 1 个或多个共同的特征，属间必须具有决定性差别，如果不能将两个属很好地分开，可将其合并，再分亚属或组（古尔恰兰·辛格，2008）。本研究共采集到 12 个种的标本，将其 10 个间断性形态特征总结于表 16-1，同时列出 de Wilde 对 *E. macrocoma* ssp. *prainii* 的性状记录（de Wilde，1984）。在表 16-1 中红光树属只列出形态差异较大的 3 个种，其中 7 个形态指标具有良好的一致性，只在假种皮顶端的撕裂和种皮的颜色方面存在数量差异。大叶风吹楠、滇南风吹楠、海南风吹楠和风吹楠的 8 个形态指标具有良好一致性，特别是种子疤痕从种子基部到中部呈长条形，以明显区别于其他种；假种皮顶端是否撕裂在种内不稳定，对属下分种价值不大。肉豆蔻属云南仅 1 种云南肉豆蔻，其区别于其他几个种重要特征是假种皮条裂至基部，幼苗具鳞叶与风吹楠属的相同。琴叶风吹楠的形态特征与 *E. macrocoma* ssp. *prainii* 的特征具有良好一致性，但与风吹楠属其他几个种却存在决定性差别。

de Wilde（1984）对亚洲分布的 *Endocomia* 属、风吹楠属、红光树属、肉豆蔻属和 *Gymnacranthera* 属共 5 个属进行异同点对比，而且列出了 *Endocomia* 与风吹楠属的 14 个形态区别，其中 *Endocomia* 的雌雄同株、种子先端具突尖和种皮颜色具花斑与风吹楠属的雌雄异株、种子先端圆和种皮颜色为纯色是决定性的差别，以及 *E. macrocoma* ssp. *prainii* 雌雄同株异序，以及雄花序中偶尔夹杂着少数雌花（序）的特点与我们调查琴叶风吹楠的结果完全一致。不足之处是 de Wilde（1984）没有记录 *Endocomia* 植物胚的有关特征（embryo incompletely known）。叶脉（2004）认为 *H. macrocoma* 种子小突尖在种内不稳定，不适宜作为属间分类性状，但我们对云南野生琴叶风吹楠共 8 个分布点 39 株树的种子对比分析表明，种子小突尖虽然存在大小和形态的变异，但都有小突尖，是区别于风吹楠、滇南风吹楠和大叶风吹楠的主要特征之一。叶脉（2004）进行聚类分析时，所选取的 30 个性状指标在本研究表 16-1 中只包括 2 项（果皮被毛和假种

表 16-1　中国肉豆蔻科植物的形态特征比较

形态特征	红光树	假广子	小叶红光树	大叶风吹楠	滇南风吹楠	海南风吹楠	风吹楠	云南肉豆蔻	琴叶风吹楠	*Endocomia macrocoma* ssp. *prainii*
宿存花被	/	有	有	有	有	有	无	/	无	无
果皮被毛	锈毛	锈毛	锈毛	无毛	无毛	无毛	无毛	锈毛	无毛	无毛
假种皮颜色	深红	深红	深红	橙红至黄	橙红至黄	橙红至黄	橙红至黄	深红	鲜红	鲜红
假种皮顶端	深裂	微裂	微裂	微裂或否	微裂或否	/	微裂或否	条裂至基部	微裂	微裂
种子顶端	圆	圆	圆	圆	圆	圆	圆	圆	具突尖	具突尖
种皮颜色	黄褐色	灰黑色	红褐色	褐色	褐色	褐色	褐色	褐色	具花斑	具花斑
种子疤痕	块状仅种子基部	块状仅种子基部	块状仅种子基部	条状至种子中部	条状至种子中部	条状至种子中部	条状至种子中部	条状至种子上部	块状仅种子基部	种子基部
胚位置	种子基部	种子基部	种子基部	种子中部	种子中部	种子中部	种子中部	种子基部	种子基部	（无记录）
初生不育叶数	无	无	无	1~3	1~3	1~3	3~5	3~6	无	（无记录）
幼叶被毛	锈毛	锈毛	锈毛	锈毛	锈毛	锈毛	锈毛	锈毛	灰白毛	灰白毛

注：“/” 表示未观测此性状。

皮顶端裂与否），其他决定性差别指标都未选择，而且编码时将风吹楠叶长编为25cm以上（实际长20cm以下），将大叶风吹楠叶编为无毛（实际有毛），最后得到琴叶风吹楠与大叶风吹楠合并为一种的错误结果。在《Flora of China》中琴叶风吹楠的假种皮错误地记为橙色（aril orange），便与风吹楠属其他几个种相同（Wu, 2008）。可见国内学者掌握的形态学资料不够充分或是有误，这可能是导致他们坚持取消 *Endocomia* 属的原因。

形态学分析结果支持国内外学者的共同意见，即将琴叶风吹楠并入 *H. prainii*；同时支持国外学者的意见，即将 *H. macrocoma* 作为模式种建立 *Endocomia* 属，命名为 *E. macrocoma* ssp. *prainii*。

16.5 油脂化学证据

植物化学分类学已知的理论认为亲缘关系相近的植物类群具有相似的化学成分，油脂和脂肪酸在植物界的分布具有一定规律，与植物的系统发育有相关性（周荣汉等，2005）。化学分类学也同形态分类学一样，遵循“植物性状（形态性状和化学性状）= 基因 + 环境”这一原则。本研究于2009—2015年之间共采了红光树4株、假广子3株、小叶红光树1株、大叶风吹楠3株、滇南风吹楠2株、海南风吹楠1株、风吹楠5株、琴叶风吹楠39株，共8个种58株树的种子，种子脂肪酸成分测定值列于表16-2；于2017年采集了云南肉豆蔻22株树的种子，油脂测定结果见本书第14章表14-4，本章表16-2只列出其变幅。

红光树属的3个种检测到14种共有的脂肪酸，分析各脂肪酸含量，假广子和小叶红光树没有区别，与红光树存在数量差异，但都具有良好的一致性，虽然红光树的种子检测到少量2-辛基环丙基辛酸，其他几个种都没检测到，但也可以认为它们归为一属具有合理性。风吹楠属4个种（琴叶风吹楠除外）检测到16种共有的脂肪酸，其中辛酸只在该类群发现，分析含量，这4个种具有良好一致性。琴叶风吹楠比较特殊，共检测到18种脂肪酸，其十四碳烯酸含量为15.60%~27.21%，其他7个种的不足1%；风吹楠属4个种的十二烷酸含量为35.68%~52.12%，琴叶风吹楠的不足1%，虽然这是数量差异，但差异过大也就形成了质的差异。

根据周荣汉等（2005）在《植物化学分类学》一书中记录的特征性化学成分（characteristic chemical constituents）的概念，特征性成分应具有稳定性

表 16-2　中国野生肉豆蔻科植物种子的脂肪酸相对含量　/%

序号	脂肪酸	红光树	假广子	小叶红光树	大叶风吹楠	滇南风吹楠	海南风吹楠	风吹楠	琴叶风吹楠	云南肉豆蔻
1	辛酸				0.28~0.36	0.88~1.08	0.01	0.01~0.03		
2	癸酸				1.36~1.46	1.19~1.36	1.41	0.50~0.67	0.01~0.03	
3	十二碳烯酸								0.01~0.07	
4	十二烷酸	0.25~0.04	0.44~3.75	0.24	35.68~41.25	50.27~50.31	46.88	43.64~52.12	0.44~0.93	0.87~1.39
5	十三碳烯酸								0.04~0.09	
6	十三烷酸	0.01~0.03	0.01~0.04	\	0.22~0.47	0.17~0.23	0.16	0.18~0.24	0.01~0.11	0.07~0.09
7	十四碳烯酸	0.05~0.09	\	0.68	0.14~0.20	0.11~0.11	0.07	0.06~0.35	15.60~27.21	
8	十四烷酸	49.46~58.64	18.74~30.95	24.09	50.80~55.30	42.02~42.88	41.39	38.53~45.67	60.93~76.58	53.58~62.52
9	十五烷酸	0.04~0.05	0.01~0.06	0.01					0.02~0.04	0.06~0.09
10	十六碳烯酸	0.13~0.22	0.32~0.48	0.57	0.04~0.05	0.06~0.08	0.09	0.02~0.14	0.18~0.31	0.12~0.30
11	十六烷酸	5.42~7.41	10.60~16.47	11.71	2.22~2.99	2.08~2.68	4.48	3.09~4.16	1.95~2.83	10.79~14.07
12	十七烷酸									0.05~0.07
13	十八碳二烯酸	0.66~1.25	1.26~1.58	2.53	0.50~0.54	0.52~0.79	1.27	0.50~0.99	0.83~1.78	4.18~6.36
14	十八碳烯酸	30.05~36.95	47.82~59.12	55.37	1.69~1.82	1.47~1.56	3.11	1.77~3.53	2.51~5.55	15.04~19.06
15	十八烷酸	0.99~1.21	0.81~1.26	0.74	0.24~0.35	0.21~0.30	0.52	0.19~0.36	0.10~0.50	1.40~2.26
16	二十碳烯酸	1.47~2.43	0.55~0.72	1.00	0.02~0.23	0.02~0.02	0.05	0.03~0.06	0.15~0.81	0.28~0.45
17	二十烷酸	0.14~0.24	0.05~0.07	0.06	0.01~0.05	0.01~0.01	0.03	0.02~0.02	0.01~0.14	0.12~0.20
18	二十二烷酸	0.07~0.09	\	0.02	0.01~0.03	0.02~0.08	0.04	0.02~0.04	0.01~0.06	0.06~0.09
19	二十四烷酸	0.10~0.12	0.08~0.11	0.19	0.03~0.07	0.04~0.06	0.05	0.03~0.07	0.01~0.06	0.07~0.13
20	2-辛基环丙基辛酸	0.06~0.08								
21	9-苯基壬酸				0.05~0.41	0.12~0.27	\	0.12~0.12		
22	9-环丙壬酸								\	
	合　计	97.34~99.43	98.24~99.31	97.21	99.88~99.95	99.97~99.99	99.56	99.41~99.99	99.35~100.00	91.95~99.91

注："\" 表示此成分为微量。

（stability）、专属性（specificity）、间断性（discontinuity）与局限性（limitation）、性状的整体性（integrality）和差异的相关性（correlative differences）。琴叶风吹楠十四烷酸相对含量为 60.93%~76.58%，十四碳烯酸为 15.60%~27.21%，两者之和为 88.14%~92.82%；风吹楠属 4 个种十四烷酸为 38.53%~55.30%，十二烷酸为 35.68%~52.12%，两者之和为 88.27%~93.19%；红光树属的十四烷酸为 18.74%~58.64%，十八碳烯酸为 30.05%~59.12%，十六烷酸为 5.42%~16.47%，三者之和为 90.85%~95.24%；云南肉豆蔻的十四烷酸为 53.58%~62.52%，十八碳烯酸为 15.04%~19.06%，文献记录肉豆蔻的十四烷酸为 80% 以上，其次为十六烷酸和十八碳烯酸（贾天柱，1995；郑国平，2013）。各个属中几种脂肪酸的相对含量相关，形成稳定的组合，也就是差异的相关性，属内高度一致，属间区别明显。

关于特异脂肪酸的专属性，琴叶风吹楠检测到少量 9- 环丙壬酸，风吹楠属检测到少量 9- 苯基壬酸，红光树检测到少量 2- 辛基环丙基辛酸；云南肉豆蔻未检测到特殊脂肪酸，但文献记录肉豆蔻含少量 9- 苯基壬酸（贾天柱，1995；郑国平，2013）。可以认为 9- 环丙壬酸是琴叶风吹楠的专属性成分。从大量脂肪酸相对含量组合差异相关性和特异脂肪酸专属性看，琴叶风吹楠明显区别于其他几个属。

16.6　分子遗传学证据

每一个物种都有区别于其他物种的基因，是物种的遗传标记，比性状（形态性状和化学性状）更具有稳定性，因而具有十分重要的分类学意义。植物分类学家们认为分子遗传学的数据体现了基因水平的变化，与性状相比，更能真实地体现系统发育关系，亲缘关系近的物种基因方面的相似度高，亲缘关系远的物种基因方面的相似度低（古尔恰兰·辛格，2008）。本研究分析了中国野生肉豆蔻科植物 11 个种的 50 份材料。提取的 DNA 用 *Pst*I/*Mse*I 双酶切后进行 AFLP 选扩，从 64 对引物中筛选出 8 对多态性好的引物（P-GAA/M-CAA、P-GAG/M-CTT、P-GAT/M-CTA、P-GAT/M-CTC、P-GAT/M-CTT、P-GTG/M-GAA、P-GTG/M-CTC、P-GTG/M-CTT），每对引物统计 216 条条带，共计 1728 条扩增条带，其中多态性条带 1622 条。将这 8 对引物扩增得到的数据整理成 0/1 矩阵后，用 NTSYS2.10e 软件进行分析，得到聚类图（图 16-1）。

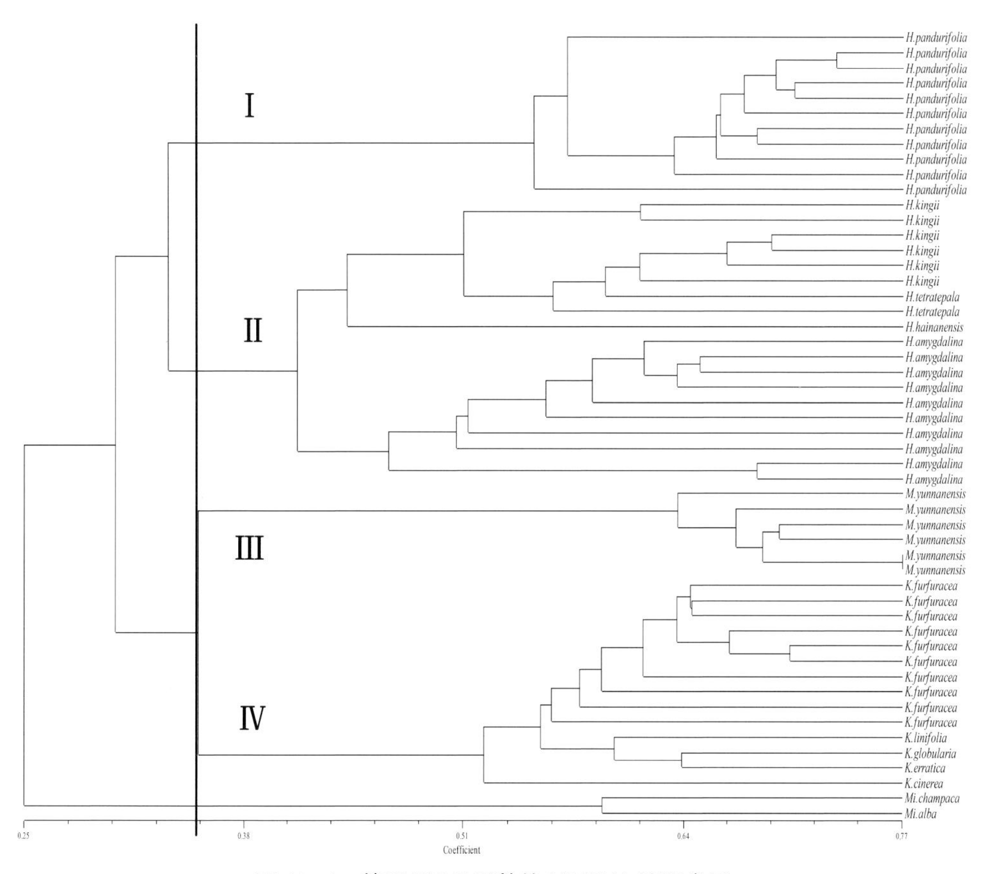

图 16-1　基于 DICE 系数的 UPGMA 法聚类图

注：图中拉丁名缩写“*M.*”指肉豆蔻属（*Myristica*），“*Mi.*”指含笑属（*Michelia*）.

图 16-1 显示，当 DICE 遗传相似性系数约在 0.354 时，肉豆蔻科的 50 个单株被分成了 4 大枝（Ⅰ、Ⅱ、Ⅲ和Ⅳ），其中第Ⅰ枝包含 *H. pandurifolia* 的 11 个单株，第Ⅱ枝包含 *H. kingii*、*H. tetratepala*、*H. hainanensis* 和 *H. amygdalina* 的 19 个单株，第Ⅲ枝包含 *M. yunnanensis* 的 6 个单株，而第Ⅳ枝中包含了 *Knema* 属中的 *K. furfuracea*、*K. linifolia*、*K. globularia*、*K. cinerea* 和 *K. erratica* 共 14 个单株。第Ⅱ分枝中，*H. kingii*、*H. tetratepala* 和 *H. hainanensis* 的 9 个单株再聚为另一小枝，与 *H. amygdalina* 的 10 个单株区别开，支持在《Flora of China》中将 *H. kingii*、*H. tetratepala* 和 *H. hainanensis* 合并的处理（Wu, 2008）。虽然聚类图显示 *H. hainanensis* 与 *H. kingii* 和 *H. tetratepala* 的亲缘关系相对较远，但可判为种内变异，这与形态学和油脂化学的分析结果一致。

根据图16-1进行比较，*Knema*属与*Myristica*属在DICE系数约为0.354时分开，亲缘关系相对较近；*H. pandurifolia*与*Horsfieldia*属在DICE系数约为0.344时分开，亲缘关系相对较远。支持将*H. pandurifolia*从*Horsfieldia*属中分出来另建一属。

16.7 小结与讨论

亲缘关系较远的类群在相同环境下趋同演化的现象已为植物分类学领域所熟知（古尔恰兰·辛格，2008）。本研究中，从种子形态学、油脂化学和分子遗传学数据看，*H. pandurifolia*与*H. kingii*（包括*H. tetratepala*和*H. hainanensis*）亲缘关系较远，其树大、叶大、果大等特征却相似，这可能是共同分布于沟谷密林中导致的趋同演化结果。从形态学和油脂化学数据看，*H. kingii*、*H. tetratepala*、*H. hainanensis*和*H. amygdalina*高度一致（表16-1、表16-2），但是分子遗传学的数据还是把*H. amygdalina*区别开来（图16-1）。野外调查发现，云南野生的*H. amygdalina*主要分布在山坡或山脊疏林中，相对干旱贫瘠，树小、叶小、果小，而*H. kingii*和*H. tetratepala*分布在沟谷密林，相对湿润肥沃，树大、叶大、果大，这可能是环境差异导致的趋异演化结果。

根据《Flora of China》的记录，*H. prainii*野生分布于我国云南、印度安达曼群岛、印度尼西亚、巴布亚新几内亚、菲律宾和泰国（Wu，2008），也就是说在缅甸没有分布；另外，*H. pandurifolia*又被记为云南特有种（汪松，2004；傅立国，1991；2000）。如果在缅甸没有*H. prainii*或者*H. pandurifolia*的野生分布，那么这两个种的合并就得不到植物地理学的支持。根据国内诸多文献汇总，*H. pandurifolia*曾在大盈江流域、瑞丽江流域、南定河流域、南滚河流域、南卡江流域、澜沧江流域、红河流域都有野生分布，按理位于河流下游的缅甸、老挝、越南也应该有分布。据我们在澜沧江流域的调查，*H. pandurifolia*沿沟谷分布，顺溪水向下游传播或受动物不定向传播，越往下游纬度越低，海拔越低，更适宜*H. pandurifolia*的分布。虽然还不清楚*H. pandurifolia*的起源地点和传播路径，但根据其在云南的分布特点，结合肉豆蔻科各个属的分布情况（王荷生，1992），推理*H. pandurifolia*应该在缅甸有野生分布，而且种群数量比较大。根据de Wilde（1984）的记录，*Endocomia macrocoma* ssp. *prainii*分布在云南、缅甸、印度、孟加拉国、中南半岛、新几内亚和菲律宾等地。*H. pandurifolia*归并

入 *Endocomia macrocoma* ssp. *prainii* 的观点得到植物地理学的支持。

本研究中，形态学、油脂化学和分子遗传学分析的结果具有良好一致性。*Knema* 属和 *Myristica* 属的分类界限明显，与《云南植物志》《中国植物志》和《Flora of China》的分类一致（云南省植物研究所，1977；中国植物志编辑委员会，1979；Wu，2008）；*H. kingii*、*H. tetratepala* 和 *H. hainanensis* 合并为一种，支持《Flora of China》的处理（Wu，2008）。

形态学和植物地理学分析结果支持将 *H. pandurifolia* 并入 *H. prainii*，这是国内外学者的一致意见；*H. pandurifolia* 与风吹楠属、红光树属和肉豆蔻属在形态学、油脂化学和分子遗传学方面存在决定性差别，故支持国外学者的处理，以 *H. macrocoma* 为模式种建立内毛楠属，将 *H. pandurifolia* 并入 *Endocomia macrocoma* (Miq.) de Wilde ssp. *prainii* (King) de Wilde。建议将“琴叶风吹楠”和“云南风吹楠”更名为“云南内毛楠”。

参考文献

傅立国，陈潭清，郎楷永，等 . 2000. 中国高等植物（第三卷）[M] . 青岛：青岛出版社，197-203.

傅立国，金鉴明 . 1991. 中国植物红皮书（第一册）[M] . 北京：科学出版社，468-469.

古尔恰兰·辛格（编著），刘全儒，郭延平，于明（译）. 2008. 植物系统分类学——综合理论及方法 [M] . 北京：化学工业出版社 .

胡先骕 . 1963. 中国森林树木小志（一）[J] . 植物分类学报，8（3）：197-201.

贾天柱，李军，田丰 . 1995. 肉豆蔻和肉豆蔻衣及其炮制品中脂肪酸成分分析 [J] . 中药材，18（11）：564-565.

汪松，解焱 . 2004. 中国物种红色名录 [M] . 北京：高等教育出版社，330.

王荷生 . 1992. 植物区系地理 [M] . 北京：科学出版社，63-74.

王良民，张玉钧 . 2011. 论辽东栎（壳斗科）的分类地位及命名 [J] . 植物科学学报，29（6）：749-754.

吴征镒，路安民，汤彦承，等 . 2003. 中国被子植物科属综论 [M] . 北京：科学出版社，76-79.

徐炳声 . 1998. 中国植物分类学中的物种问题［J］. 植物分类学报，36（5）：470-480.
叶脉 . 2004. 中国肉豆蔻科植物分类研究［D］. 广州：华南农业大学 .
云南省植物研究所 . 1977. 云南植物志（第一卷）［M］. 北京：科学出版社，8-13.
郑国平，李东星 . 2013. 肉豆蔻和肉豆蔻衣脂肪酸成分的比较研究［J］. 石河子科技，（4）：16-18.
中国植物志编辑委员会 . 1979. 中国植物志（第三十卷）［M］. 北京：科学出版社，194-205.
周荣汉，段金廒 . 2005. 植物化学分类学［M］. 上海：上海科学技术出版社 .
de Wilde W J. 1984. *Endocomia*, a new genus of Myristicaceae［J］. Blumea, 30(1): 173-196.
Doyle J A, Manchester S R, Sauquet H. 2008. A seed related to Myristicaceae in the early Eocene of southern England［J］. Systematic Botany, 33(4): 636-646.
Doyle J A, Sauquet H, Scharaschkin T, Thomast A L. 2004. Phylogeny, molecular and fossil dating, and biogeographic history of annonaceae and Myristicaceae (Magnoliales)［J］. Interational Journal of Plant Science, 165(4 suppl.): s55-s67.
Sauquet H. 2003a. Androecium diversity and evolution in Myristicaceae (Magnoliales), with a description of a new Malagasy genus, *Doyleanthus* gen. nov.［J］. American Journal of Botany, 90 (9): 1293-1305.
Sauquet H, Doyle J A, Scharaschkin T, *et al*. 2003b. Phylogenetic analysis of Magnoliales and Myristicaceae based on multiple data sets: implications for character evolution［J］. Botanical Journal of the Linnean Society, 142: 125-186.
Wu Z Y，Raven P H，Hong D Y. 2008. Flora of China (Vol. 7)［M］. BeiJing：Science Press，96-101.

第17章 琴叶风吹楠致危因子与保护建议

17.1 引言

20 世纪 70 年代生物多样性锐减，为了解决人类干扰或其他因素引起物种、群落、生态系统出现的问题，科学家们“临危受命”，创立了保护生物学。主要任务是研究导致物种灭绝的自身生物因素和外界环境因素，认识致危机理，提出保护策略。保护内容包括种内遗传多样性、物种多样性、群落多样性、生态系统多样性等不同层次。

在植物分类学领域，总认为物种一直沿着从低级到高级、从简单到复杂的路线不断进化，也有的学者提出物种没有进化与退化之分，为了适应环境保证种群繁衍而采取了适当的演化。演化是物种形成的普遍方式，其中线系物种形成理论存在较大争议，加性物种形成理论则受到普遍赞同。加性物种形成理论描述了物种形成的多个模式，例如：一个物种的居群隔离分化成几个物种；两个物种自然杂交形成新的物种；基因突变形成新群体后发展成为新物种；原来的物种可能保存下来，也可能消失。这种观点认为物种既没有灭绝也没有产生，只是从一种形式变成了另一种形式。

在这里我们不讨论很深远的问题。近一百年来，人们发现诸多物种从一些地区消失了；或者野生种群消失了，代之以栽培种群，种内遗传多样性严重下降；某些地区的森林群落开始了逆行演潜，部分物种已失去自然更新的环境条件。所有的这些现象对今天的人类最直接的影响就是“本来应该拥有的财富眼看着就没有了”。所以科学家们都在呼吁，全社会行动起来，保护物种，保护自然，最终是保护我们人类自己。

17.2 琴叶风吹楠种群更新状况

肉豆蔻科是典型的热带分布科，总离不开热带雨林，在云南分布区内肉豆蔻科的伴生树种总有一定的热带成分，主要沿沟谷和低洼地分布，干旱是主要限制性因子之一。沿沟谷和洼地分布的成因除了种子顺溪流传播以外，湿润环境有利于种子萌发和幼苗成长是最主要的原因。调查中发现，在森林深处的植株结实较少，在开天窗或林缘的植株结实较多。勐腊勐伴、补蚌、回燕龙等地琴叶风吹楠"小居群"，结实植株最小胸径 15 cm，最大 67 cm，结实数量最少的为 2 个，结实最多的约 100 个，林中有 3~5 龄的幼树，说明种群处于稳定或发展状态。然而，在部分较干燥的环境中，大树每年都结实累累，但周围却没有小树，有些种子即使萌发了也越不过第二年的旱季，通过人工模拟试验也得到相似的结论。另外，要说明的是，本课题组采集到的种子，只要新鲜种子播种萌发率都在 50% 以上，发育良好的种子萌发率可达 90% 以上。也就说明，自身的生物因素不能算为致危因子，当然其适应能力不强也是客观现实。

虽然以保护热带雨林为目的划定了诸多自然保护区，然而已经受到破坏的低海拔热带雨林已不可恢复，相对连片的琴叶风吹楠群落已经消失，形成了今天这样呈点状分布、相互隔离的若干"小居群"。有些小居群只有 1 株或几株大树，失去了自然更新的环境条件；有些小居群正在受到不同程度的破坏和蚕食。人为破坏是致危的主要因子。

17.3 我国野生肉豆蔻科植物保护建议

物种保护首先要保护其种内遗传多样性，当然遗传多样性的丰富程度没有一个固定的度量数值，视物种自身的特点和现有资源状况而定。针对我国野生的琴叶风吹楠，可以采取原生境保护和迁地保护两种策略。

原生境保护不一定是原地保护，可以迁地保护，但要保持原有生态环境，这很不容易，反过来如果原有生境破坏了，即使原地保护也不再是原生境保护。可选择一些种群数量较大且发展较好的"小居群"为基础，往下游地区扩大分布区域，人工辅助播种和抚育，尽快形成群落。当种群数量达到一定数量，分布区达到一定面积以后，只要加强保护，不再受到人为破坏，可以实施静态保存，保持基因型频率和基因频率的相对平衡即可。

迁地保护是一个重要的方式，可以在适宜的环境区域内选择一块较大的土地，收集各个“小居群”的种子建立混合性大种群，促使基因交流，扩大基因型数量，丰富种内遗传多样性，提高环境适应多态性。如果条件允许可将原地保护、迁地保护和在生产利用中保护结合起来，在保护中利用，在利用中保护。

肉豆蔻科植物生境正受到破坏，2014

第18章 有待研究的若干问题

科学研究是人类认识自然界的一种方式，在科研历史长河中，后人总在不断推翻、修改、完善前人的理论，推动科学研究工作向前发展。研究越深入，人类的认识越接近于客观规律，但是无论如何研究也不可能完全掌握事物的客观规律。人们常说："越研究问题越多"，这主要是指在研究过程中发现了新的问题。

一类物种在其自然分布区的边缘往往会存在诸多特殊变异类型，而且由于区域内种群数量有限，变异的连续性不明显，导致分类工作者将一个自然种错误地分成几个种。我国热区是肉豆蔻科现在分布区的北部边缘（我们不清楚其历史分布区），前辈们将一个种分成几个种的现象尤其明显，这除了信息交流不畅和标本采集困难以外，种内个体间形态差异大是一个主要的原因。回顾文献，回忆本课题组十年研究过程中碰到的困难，我们提出了有待研究的若干问题。

（1）中国野生肉豆蔻科的分类学问题。

（2）云南野生肉豆蔻科植物趋同和趋异变异的规律。

（3）肉豆蔻科部分种类是否采取孤雌生殖的方式维持种族繁衍。

（4）在肉豆蔻科内雌雄同株和雌雄异株哪种是更原始的性状。

（5）种子成熟过程中烯酸向烷酸转化的动力学问题。